Karl Weinhuber / Klaus Auer

# Technologie Fahrzeuglackierer

Karl Weinhuber / Klaus Auer

# Technologie
# Fahrzeuglackierer

Vogel Buchverlag

**KARL WEINHUBER**

Jahrgang 1953

absolvierte eine Ausbildung im Maler- und Lackiererhandwerk. Es folgte ein Studium an der Technischen Universität München. Derzeit ist er als Lehrer an beruflichen Schulen der Stadt München tätig. Neben Beratungstätigkeiten im In- und Ausland gilt sein Engagement vor allem der Weiterentwicklung der Ausbildung an beruflichen Schulen. Er ist Autor von Fachbeiträgen in diversen Zeitschriften sowie von Büchern für Maler und Lackierer.

**KLAUS AUER**

Jahrgang 1962

Nach seiner Ausbildung im Maler- und Lackiererhandwerk folgten eine Techniker- und Meisterausbildung sowie anschließend ein Fachlehrerstudium. Er ist an der Meisterschule für das Maler- und Lackiererhandwerk und der Fachschule für Farb- und Lacktechnik in München tätig. Außerdem unterrichtet er als Dozent bei Meistervorbereitungslehrgängen für Fahrzeuglackierer. Sein Engagement gilt der Arbeit in Meisterprüfungsausschüssen für Maler und Lackierer, Kirchenmaler und Vergolder.

**Weitere Informationen:**
**www.vogel-buchverlag.de**

ISBN 978-3-8343-3042-0

1. Auflage. 2008

Printed in Germany

Copyright 2008 by Vogel Industrie Medien GmbH & Co. KG, Würzburg

Layout/Typografie: Reinhold Schöberl/Michaela Baumann, Würzburg

Satzherstellung und Digitalisierung der Abbildungen:
Fotosatz-Service Köhler GmbH, Würzburg

# Vorwort

Das Buch «Technologie Fahrzeuglackierer» ist als Lehrbuch für die schulische, betriebliche und überbetriebliche Ausbildung geeignet. Es ergänzt sehr gut die Lernfeldordner und die Ausbildungsordner der überbetrieblichen Ausbildung. Es orientiert sich am Rahmenlehrplan, der Ausbildungsordnung für das Fahrzeuglackierer-Handwerk und am Ausbildungsplan zur überbetrieblichen Ausbildung. Durch die praxisorientierte Vermittlung der Inhalte und die ausführlich gestalteten Prüfungsfragen nach den jeweiligen Kapiteln ist es auch besonders gut zur Prüfungsvorbereitung geeignet. Durch zahlreiche Abbildungen, farbig gestaltete Grafiken und Merksätze ist es anschaulich gestaltet. Die zu vermittelnden Inhalte werden handlungsorientiert dargestellt und sind praxisgerecht aufgearbeitet. Das umfassende Werk für Fahrzeuglackierer eignet sich sowohl für den Lernfeldunterricht in der Schule als auch für das Selbststudium zu Hause und im Betrieb. Es ist das Standardwerk für die Gesellen- und Meisterausbildung im Bereich des Fahrzeuglackiererhandwerks.

Königsdorf                                                                               Karl Weinhuber
Penzberg                                                                                  Klaus Auer

## Übersicht der Lernfelder für den Ausbildungsberuf Fahrzeuglackierer/Fahrzeuglackiererin

| Lernfelder | | Zeitrichtwerte | | |
|:---:|---|:---:|:---:|:---:|
| Nr. | | 1. Jahr | 2. Jahr | 3. Jahr |
| 1 | Metallische Untergründe bearbeiten | 60 | | |
| 2 | Nichtmetallische Untergründe bearbeiten | 80 | | |
| 3 | Oberflächen und Objekte herstellen | 100 | | |
| 4 | Oberflächen gestalten | 80 | | |
| 5 | Erstbeschichtungen ausführen | | 80 | |
| 6 | Instandsetzungsmaßnahmen durchführen | | 60 | |
| 7 | Reparaturlackierungen ausführen | | 80 | |
| 8 | Objekte gestalten | | 60 | |
| 9 | Lackierverfahren anwenden | | | 80 |
| 10 | Design- und Effektlackierungen ausführen | | | 80 |
| 11 | Oberflächen aufbereiten | | | 60 |
| 12 | Mobile Werbeträger gestalten | | | 60 |
| | **Summe** | **320** | **280** | **280** |

# Inhaltsverzeichnis

**Vorwort** . . . . . . . . . . . . . . . . . . . . . . . . . . . . . . . . . . . . . . . . 5

**1**    **Beruf, Berufsbild, Teamarbeit** . . . . . . . . . . . . . . . . . . . . . 11
1.1    Das Berufsbild des Fahrzeuglackierers . . . . . . . . . . . . . . . . . 13
1.2    Ausbildungsordnung . . . . . . . . . . . . . . . . . . . . . . . . . . . 13
1.2.1  Fort- und Weiterbildungsmöglichkeiten . . . . . . . . . . . . . . . . 13
1.2.2  Erläuterungen zu den Prüfungen . . . . . . . . . . . . . . . . . . . . 14
1.2.3  Zwischenprüfung . . . . . . . . . . . . . . . . . . . . . . . . . . . . . 14
1.2.4  Abschlussprüfung, Gesellenprüfung . . . . . . . . . . . . . . . . . . 14
       *Aufgaben* . . . . . . . . . . . . . . . . . . . . . . . . . . . . . . . . . . 15

**2**    **Arbeits- und Umweltschutz** . . . . . . . . . . . . . . . . . . . . . . . 17
2.1    Unfallverhütungsmaßnahmen am Arbeitsplatz . . . . . . . . . . . . 19
2.1.1  Persönliche Schutzausrüstung . . . . . . . . . . . . . . . . . . . . . . 19
2.1.2  Arbeitssicherheit am Arbeitsplatz . . . . . . . . . . . . . . . . . . . . 19
2.1.3  Sicherheitskennzeichen . . . . . . . . . . . . . . . . . . . . . . . . . . 20
2.2    Vorschriften, Verordnungen, Regeln . . . . . . . . . . . . . . . . . . 20
2.2.1  Sicherheitsdatenblatt . . . . . . . . . . . . . . . . . . . . . . . . . . . 20
2.2.2  Gefahrstoffverordnung . . . . . . . . . . . . . . . . . . . . . . . . . . 20
2.2.3  Schutzstufenkonzept . . . . . . . . . . . . . . . . . . . . . . . . . . . 21
2.2.4  Rangfolge der Schutzmaßnahmen . . . . . . . . . . . . . . . . . . . 21
2.2.5  Stoffbezeichnungen . . . . . . . . . . . . . . . . . . . . . . . . . . . . 21
2.2.6  Betriebsanweisungen . . . . . . . . . . . . . . . . . . . . . . . . . . . 22
2.2.7  Atemschutz . . . . . . . . . . . . . . . . . . . . . . . . . . . . . . . . . 22
2.2.8  VOC-Richtlinie . . . . . . . . . . . . . . . . . . . . . . . . . . . . . . . 23
2.2.9  Hautschutz . . . . . . . . . . . . . . . . . . . . . . . . . . . . . . . . . 23
2.2.10 Umweltschutz . . . . . . . . . . . . . . . . . . . . . . . . . . . . . . . 25
2.2.11 Wirksame Lackauftragstechniken zur Reduzierung der Umweltbelastung . . . . 25
2.2.12 Sicherheit bei Karosseriearbeiten . . . . . . . . . . . . . . . . . . . 25
2.2.13 Schutz vor Unfällen durch Strom . . . . . . . . . . . . . . . . . . . . 25
2.2.14 Kurzzeichen und Symbole auf elektrischen Geräten . . . . . . . . . 26
2.2.15 VDE/GS-Gütezeichen . . . . . . . . . . . . . . . . . . . . . . . . . . . 27
2.2.16 Brandschutz . . . . . . . . . . . . . . . . . . . . . . . . . . . . . . . . 27
       *Aufgaben* . . . . . . . . . . . . . . . . . . . . . . . . . . . . . . . . . . 28

Der Onlineservice InfoClick bietet unter
www.vogel-buchverlag.de nach Codeeingabe zusätzliche
Informationen und Aktualisierungen zum Buch.

304215040001

| | | |
|---|---|---:|
| **3** | **Untergründe** | 31 |
| 3.1 | Metalle | 33 |
| 3.1.1 | Metallteile am Fahrzeug | 33 |
| 3.1.2 | Stahl | 33 |
| 3.1.3 | Höherfestes Karosserieblech | 34 |
| 3.1.4 | Aluminium | 35 |
| 3.1.5 | Zink | 35 |
| 3.1.6 | Korrosion | 36 |
| | *Aufgaben* | 39 |
| 3.2 | Kunststoffe | 41 |
| 3.2.1 | Anwendung von Kunststoffen im Automobilbau | 41 |
| 3.2.2 | Einteilung der Kunststoffe | 41 |
| 3.2.3 | Blends | 42 |
| 3.2.4 | Kunststoff-Erkennung | 42 |
| 3.2.5 | Lösemittelempfindliche Kunststoffe | 43 |
| 3.2.6 | Vorbereitung von Kunststoffoberflächen | 44 |
| 3.2.7 | Reinigung der Teile | 44 |
| 3.2.8 | Tempern | 44 |
| 3.2.9 | Entfettungstest | 45 |
| 3.2.10 | Kunststoff-Recycling | 45 |
| 3.2.11 | Recyclefähige Kunststoffteile beim Auto | 46 |
| 3.2.12 | Kennzeichnung von Kunststoffbauteilen | 46 |
| 3.2.13 | Fachausdrücke | 47 |
| | *Aufgaben* | 48 |
| 3.3 | Holz | 50 |
| 3.3.1 | Holzwerkstoffe | 50 |
| 3.3.2 | Platten für den Fahrzeugbau | 51 |
| 3.3.3 | Plattenverbindungen | 52 |
| | *Aufgaben* | 52 |
| | | |
| **4** | **Instandsetzung / Instandhaltung** | 53 |
| 4.1 | Der Automobilbau und die geschichtliche Entwicklung | 55 |
| 4.1.1 | Entwicklungsgeschichte der Karosserieformen | 55 |
| 4.1.2 | Entwicklung der Karosserieformen | 57 |
| 4.1.3 | Systematik der Straßenfahrzeuge | 58 |
| 4.1.4 | Maße und Gewichte an Straßenfahrzeugen | 62 |
| | *Aufgaben* | 63 |
| 4.2 | Schäden an Fahrzeugbauteilen | 64 |
| 4.2.1 | Allgemeine Benennung von Karosserieteilen | 64 |
| 4.2.2 | Schadensaufnahme | 66 |
| 4.2.3 | Sichtprüfung | 66 |
| 4.2.4 | Spaltmaßabweichung | 67 |
| 4.2.5 | Versteckte Schäden | 67 |
| 4.2.6 | Karosserieknotenpunkte | 67 |
| 4.2.7 | Ermittlung des Schadensumfanges | 67 |

| | | |
|---|---|---:|
| 4.2.8 | Festlegung des Reparaturweges . . . . . . . . . . . . . . . . . . . . . . . . . . . . . | 68 |
| | *Aufgaben* . . . . . . . . . . . . . . . . . . . . . . . . . . . . . . . . . . . . . . . . . . | 69 |
| 4.3 | Demontage und Montage von Fahrzeugteilen, Ersatzteilermittlung, | |
| | Zubehörteile und Profile, Spaltmaße, Prüftechnik . . . . . . . . . . . . . . . . . . | 70 |
| 4.3.1 | Vorbereitung . . . . . . . . . . . . . . . . . . . . . . . . . . . . . . . . . . . . . . . . | 70 |
| 4.3.2 | Fahrzeughebebühnen . . . . . . . . . . . . . . . . . . . . . . . . . . . . . . . . . . | 70 |
| 4.3.3 | Unfallgefahren bei der Verwendung von Fahrzeughebebühnen . . . . . . . . . | 71 |
| 4.3.4 | Montage von Fahrzeugteilen . . . . . . . . . . . . . . . . . . . . . . . . . . . . . . | 71 |
| 4.3.5 | Montage und Demontage von Rädern . . . . . . . . . . . . . . . . . . . . . . . . | 73 |
| | *Aufgaben* . . . . . . . . . . . . . . . . . . . . . . . . . . . . . . . . . . . . . . . . . . | 74 |
| 4.4 | Rückverformen beschädigter Karosserieteile . . . . . . . . . . . . . . . . . . . . . | 75 |
| 4.4.1 | Ausbeultechniken . . . . . . . . . . . . . . . . . . . . . . . . . . . . . . . . . . . . . | 75 |
| 4.4.2 | Ausbeulmethoden . . . . . . . . . . . . . . . . . . . . . . . . . . . . . . . . . . . . . | 76 |
| 4.4.3 | Ausbeulwerkzeuge und ihre Wirkung . . . . . . . . . . . . . . . . . . . . . . . . . | 77 |
| 4.4.4 | Zughammerverfahren . . . . . . . . . . . . . . . . . . . . . . . . . . . . . . . . . . . | 78 |
| 4.4.5 | Airpuller . . . . . . . . . . . . . . . . . . . . . . . . . . . . . . . . . . . . . . . . . . . | 78 |
| 4.4.6 | Verzinnen von Karosserieblech . . . . . . . . . . . . . . . . . . . . . . . . . . . . . | 79 |
| 4.4.7 | Methoden, Materialien und Bedingungen zur Reparatur von Kunststoffen . . . . | 80 |
| | *Aufgaben* . . . . . . . . . . . . . . . . . . . . . . . . . . . . . . . . . . . . . . . . . . | 82 |
| 4.5 | Entschichtungstechniken, Schleifsysteme, Werkzeuge, Geräte, Schleifmittel . . . | 83 |
| 4.5.1 | Schleifen . . . . . . . . . . . . . . . . . . . . . . . . . . . . . . . . . . . . . . . . . . . | 83 |
| 4.5.2 | Schleifmittel . . . . . . . . . . . . . . . . . . . . . . . . . . . . . . . . . . . . . . . . . | 83 |
| 4.5.3 | Nassschliff . . . . . . . . . . . . . . . . . . . . . . . . . . . . . . . . . . . . . . . . . . | 88 |
| 4.5.4 | Trockenschliff . . . . . . . . . . . . . . . . . . . . . . . . . . . . . . . . . . . . . . . . | 88 |
| 4.5.5 | Vergleich Trockenschliff zu Nassschliff . . . . . . . . . . . . . . . . . . . . . . . . | 88 |
| 4.5.6 | Schleifvlies – Schleifpad . . . . . . . . . . . . . . . . . . . . . . . . . . . . . . . . . | 89 |
| 4.5.7 | Schleifwerkzeuge . . . . . . . . . . . . . . . . . . . . . . . . . . . . . . . . . . . . . | 90 |
| 4.5.8 | Schleifstaubabsaugung . . . . . . . . . . . . . . . . . . . . . . . . . . . . . . . . . | 92 |
| 4.5.9 | Lackentfernung . . . . . . . . . . . . . . . . . . . . . . . . . . . . . . . . . . . . . . | 93 |
| | *Aufgaben* . . . . . . . . . . . . . . . . . . . . . . . . . . . . . . . . . . . . . . . . . . | 93 |
| 4.6 | Glasarbeiten . . . . . . . . . . . . . . . . . . . . . . . . . . . . . . . . . . . . . . . . . | 94 |
| 4.6.1 | Autoscheiben . . . . . . . . . . . . . . . . . . . . . . . . . . . . . . . . . . . . . . . . | 94 |
| 4.6.2 | Verbundglasscheiben . . . . . . . . . . . . . . . . . . . . . . . . . . . . . . . . . . . | 94 |
| 4.6.3 | Schutz bei Steinschlagschäden . . . . . . . . . . . . . . . . . . . . . . . . . . . . . | 94 |
| 4.6.4 | Wärmeschutz-Verglasung . . . . . . . . . . . . . . . . . . . . . . . . . . . . . . . . | 95 |
| 4.6.5 | Schäden an Verbundglasscheiben . . . . . . . . . . . . . . . . . . . . . . . . . . . | 95 |
| 4.6.6 | Austrennen und Einkleben von Autoscheiben . . . . . . . . . . . . . . . . . . . . | 97 |
| 4.6.7 | Einbau einer zu verklebenden Autoscheibe . . . . . . . . . . . . . . . . . . . . . | 98 |
| 4.6.8 | Scheibenreinigung . . . . . . . . . . . . . . . . . . . . . . . . . . . . . . . . . . . . . | 100 |
| | *Aufgaben* . . . . . . . . . . . . . . . . . . . . . . . . . . . . . . . . . . . . . . . . . . | 102 |
| | | |
| **5** | **Farbe und Gestaltung** . . . . . . . . . . . . . . . . . . . . . . . . . . . . . . . . . . | **103** |
| 5.1 | Farbwahrnehmung und Farbwirkung . . . . . . . . . . . . . . . . . . . . . . . . . | 105 |
| 5.1.1 | Farbe und Licht . . . . . . . . . . . . . . . . . . . . . . . . . . . . . . . . . . . . . . . | 105 |
| 5.2 | Farbmischung . . . . . . . . . . . . . . . . . . . . . . . . . . . . . . . . . . . . . . . . | 105 |
| 5.2.1 | Additive Farbmischung . . . . . . . . . . . . . . . . . . . . . . . . . . . . . . . . . . | 105 |
| 5.2.2 | Subtraktive Farbmischung . . . . . . . . . . . . . . . . . . . . . . . . . . . . . . . . | 106 |

| | | |
|---|---|---:|
| 5.3 | Farbordnungssysteme | 106 |
| 5.4 | Metamerie | 108 |
| 5.5 | Farbkontraste | 108 |
| 5.6 | Farbe und Sicherheit | 109 |
| 5.7 | Farbmessung | 109 |
| 5.8 | Farbmischsysteme | 110 |
| 5.9 | Farbtonabweichungen | 110 |
| 5.10 | Glanz | 110 |
| 5.11 | Farbcodierung | 111 |
| | *Aufgaben* | 112 |
| | | |
| **6** | **Beschichtungstechnik** | 113 |
| 6.1 | Lackiervorbereitung | 115 |
| 6.1.1 | Untergrundvorbereitung | 115 |
| 6.1.2 | Entrosten | 116 |
| 6.1.3 | Strahlen | 116 |
| 6.1.4 | Schleifen | 116 |
| 6.1.5 | Kunststoff-Vorbehandlung | 118 |
| 6.1.6 | Wichtige Sicherheitsregeln für den Umgang mit elektrischen Geräten | 119 |
| 6.1.7 | Abdecken von Karosserieteilen und Fahrzeugen | 119 |
| 6.1.8 | Technische Merkblätter | 122 |
| 6.1.9 | Prüfmethoden | 124 |
| | *Aufgaben* | 128 |
| 6.2 | Reparaturlackierung | 129 |
| 6.2.1 | Unterbodenschutz – Konservierung | 129 |
| 6.2.2 | Reparatur-Oberflächenlackierung | 132 |
| 6.2.3 | Lackfehler | 161 |
| 6.2.4 | Lackverunreinigungen und Ursachen | 164 |
| | *Aufgaben* | 172 |
| 6.3 | Pkw-Serienlackierung | 173 |
| 6.3.1 | Lackierwerkzeuge und Anlagen | 177 |
| 6.3.2 | Luftdruckaufbereitung | 177 |
| 6.3.3 | Lackierwerkzeuge | 180 |
| | *Aufgaben* | 199 |
| | | |
| **7** | **Oberflächen-Aufbereitung** | 201 |
| 7.1 | Lackpflege | 203 |
| 7.2 | Innenreinigung | 215 |
| | *Aufgaben* | 216 |
| | | |
| **8** | **Fremdsprachliche Fachbegriffe, Deutsch–Englisch** | 217 |
| | | |
| **Quellenverzeichnis** | | 227 |
| | | |
| **Stichwortverzeichnis** | | 229 |

# 1  Beruf, Berufsbild, Teamarbeit

**1.1  Das Berufsbild
des Fahrzeuglackierers** – 13

**1.2  Ausbildungsordnung** – 13

**1.2.1  Fort- und Weiterbildungsmöglichkeiten** – 13

**1.2.2  Erläuterungen zu den Prüfungen** – 14

**1.2.3  Zwischenprüfung** – 14

**1.2.4  Abschlussprüfung, Gesellenprüfung** – 14

# 1.1 Das Berufsbild des Fahrzeuglackierers

**Tätigkeiten eines Fahrzeuglackierers**
Fahrzeuglackierer/innen lackieren und gestalten Oberflächen. Sie reparieren, montieren und demontieren Bauteile an Fahrzeugen und prüfen die Funktionsfähigkeit. Das handwerkliche Arbeiten, mit moderner Technik umgehen und kreativ sein, um seine Ideen umzusetzen, gehören genauso dazu wie Präzisionsarbeit leisten und sorgfältiges Planen. Folgende *Arbeiten* werden von Fahrzeuglackierer/innen durchgeführt:
- Schadenserfassung und Kalkulation,
- Farbtonmessung oder Mischung (Bild 1.1),
- Montage- und Demontagearbeiten,
- grobe Blechbearbeitung,
- Spachtelung von Schadstellen,
- Korrosionsschutz,
- Oberflächenlackierung (Bild 1.2),
- Effektlackierung,
- Designlackierung,
- Fahrzeugvorbereitung zur Kundenübergabe,
- Wartung von Anlagen und Geräten.

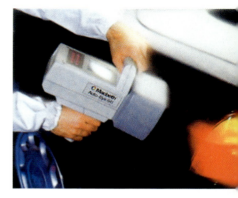

**Bild 1.1**
Farbtonmessung [1]

# 1.2 Ausbildungsordnung

Die Verordnung über die Berufsausbildung zum Fahrzeuglackierer/zur Fahrzeuglackiererin wurde im Juli 2003 vom Bundesminister für Wirtschaft und Arbeit erlassen. In der Ausbildungsverordnung ist der Ausbildungsrahmenlehrplan zur betrieblichen Ausbildung festgelegt. Die schulische Ausbildung in der Berufsschule richtet sich nach dem Rahmenlehrplan für den berufsbezogenen Unterricht, der mit dem Ausbildungsrahmenlehrplan abgestimmt ist. Die Ausbildung erfolgt im Betrieb, in der überbetrieblichen Ausbildungsstätte und in der Berufsschule.
Die Ausbildung dauert in der Regel drei Jahre.

**Bild 1.2**
Oberflächenlackierung [3]

## 1.2.1 Fort- und Weiterbildungsmöglichkeiten

Nach Abschluss der Gesellenprüfung bieten Innungen, Handwerkskammern, Produkthersteller, private, kom-

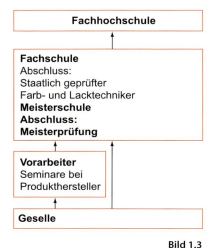

**Bild 1.3**
Der Fahrzeuglackierer ist besonders gefordert, sich fortzubilden.

| Zwischenprüfung |
|---|

*Arbeitsaufgabe, Kundenauftrag*
Inhalte:
- Manuelle und maschinelle Bearbeitungs- und Beschichtungstechniken
- Verbindungstechniken
- Vorbereiten des Untergrundes
- Übertragen einer Applikation
- Arbeitsablaufplanung

| Fachgespräch |
|---|

*Aufgaben beziehen sich auf den Kundenauftrag*
Diese Inhalte sind schriftlich zu lösen
- Technik und Gestaltung einschließlich technologisch-mathematischer Zusammenhänge
- Arbeitsplanung und -organisation
- Umwelt- und Arbeitsschutz
- Sicherheits- und Gesundheitsschutz
Die Aufgaben sind in offenen und geschlossenen Fragestellungen gestellt.

**Bild 1.4**

munale und staatliche Schulen Fort- und Weiterbildungskurse an (Bild 1.3).

### 1.2.2 Erläuterungen zu den Prüfungen

Im Rahmen der Ausbildung haben Fahrzeuglackierer/innen eine Zwischenprüfung und am Ende der Ausbildung die Abschlussprüfung (Gesellenprüfung) zu absolvieren.

### 1.2.3 Zwischenprüfung

Vor Ende des zweiten Ausbildungsjahres soll sie als Ermittlung des Ausbildungsstandes stattfinden. Der Prüfling soll in insgesamt sieben Stunden eine Arbeitsaufgabe, die einem Kundenauftrag entspricht, durchführen und innerhalb dieser Zeit in insgesamt 10 Minuten hierüber ein Fachgespräch führen. In weiteren höchstens 180 Minuten soll er Aufgaben, die im Zusammenhang mit der Arbeitsaufgabe stehen, lösen (Bild 1.4).

### 1.2.4 Abschlussprüfung, Gesellenprüfung

Am Ende der Ausbildung werden die Fertigkeiten und Kenntnisse entsprechend des Ausbildungsrahmenplanes und der vermittelte Lehrstoff der Berufsschule geprüft. Die Prüfung besteht aus einem Teil A, in dem in höchstens 14 Stunden eine Arbeitsaufgabe, die einem Kundenauftrag entspricht, durchgeführt und dokumentiert werden muss. Die Gewichtung innerhalb des Teiles A beträgt 85%. In dieser Zeit findet auch ein 15-Minuten-Fachgespräch über die Ausführung der Arbeitsaufgabe statt. Die Gewichtung des Fachgesprächs innerhalb des Teiles A beträgt 15%. Im Teil B wird der Prüfling über folgende *Prüfungsbereiche* geprüft:
- ❏ Beschichtungstechnik und Gestaltung
  Dauer höchstens 180 Minuten, Gewichtung innerhalb des Teiles B 55%;
- ❏ Instandsetzung und Instandhaltung
  Dauer höchstens 120 Minuten, Gewichtung innerhalb des Teiles B 25%;
- ❏ Wirtschafts- und Sozialkunde
  Dauer höchstens 60 Minuten, Gewichtung innerhalb des Teiles B 20%.

Die Prüfung im Teil B ist auf Antrag des Prüflings oder nach Ermessen des Prüfungsausschusses in einzelnen Prüfungsbereichen zu ergänzen, wenn dieses für das Bestehen der Prüfung den Ausschlag geben kann. Die Prüfung ist bestanden, wenn jeweils in den Prüfungsteilen A und B mindestens ausreichende Leistungen erbracht sind (Bild 1.5).

## Aufgaben

1. *Nennen Sie Fort- und Weiterbildungsmaßnahmen für Fahrzeuglackierer.*

2. *An welchen Ausbildungsstellen findet die Berufsausbildung statt?*

3. *Ordnen Sie folgende Begriffe den Ausbildungsstellen zu:*
   *a) Rahmenlehrplan*
   *b) Ausbildungsrahmenlehrplan*

4. *Nennen Sie die Teile, die in der Zwischenprüfung geprüft werden.*

5. *Wann findet in der Regel die Gesellenprüfung statt, und welche Inhalte werden in den Teilen A und B abgeprüft?*

Abschlussprüfung/Gesellenprüfung

**Teil A – praktische Prüfung Kundenauftrag**
Arbeitsaufgabe:
Instandsetzen/Beschichten/Gestalten
Inhalte:
Vorbereiten, Beschichten und Gestalten einer Oberfläche an einem Fahrzeug oder einem Bauteil einschließlich Finish-Arbeiten sowie Instandsetzungs-, De- und Montagearbeit. Eine Arbeitsablaufplanung ist zu erstellen.

Fachgespräch

**Teil B – theoretischer Prüfungsteil Prüfungsbereiche:**
*Beschichtungstechnik und Gestaltung*
Inhalte: Beschreiben der Vorgehensweise bei Beschichtungen, Applikationen, Gestaltungen und Beschriftungen einschließlich der Finisharbeiten
*Instandsetzung und Instandhaltung*
Beschreiben der Vorgehensweise bei der Instandhaltung von Oberflächen und Instandsetzung, bei der Ermittlung von Schäden und deren Behebung sowie bei Demontage- und Montagearbeiten.
Die Fragestellung kann offen und geschlossen erfolgen.

**Bild 1.5**

# 2 Arbeits- und Umweltschutz

**2.1 Unfallverhütungsmaßnahmen am Arbeitsplatz** – 19

2.1.1 Persönliche Schutzausrüstung – 19

2.1.2 Arbeitssicherheit am Arbeitsplatz – 19

2.1.3 Sicherheitskennzeichen – 20

**2.2 Vorschriften, Verordnungen, Regeln** – 20

2.2.1 Sicherheitsdatenblatt – 20

2.2.2 Gefahrstoffverordnung – 20

2.2.3 Schutzstufenkonzept – 21

2.2.4 Rangfolge der Schutzmaßnahmen – 21

2.2.5 Stoffbezeichnungen – 21

2.2.6 Betriebsanweisungen – 22

2.2.7 Atemschutz – 22

2.2.8 VOC-Richtlinie – 23

2.2.9 Hautschutz – 23

2.2.10 Umweltschutz – 25

2.2.11 Wirksame Lackauftragstechniken zur Reduzierung der Umweltbelastung – 25

2.2.12 Sicherheit bei Karosseriearbeiten – 25

**2.2.13 Schutz vor Unfällen durch Strom   – 25**

**2.2.14 Kurzzeichen und Symbole auf elektrischen
Geräten   – 26**

**2.2.15 VDE/GS-Gütezeichen   – 27**

**2.2.16 Brandschutz   – 27**

# 2.1 Unfallverhütungs- maßnahmen am Arbeitsplatz

Am Arbeitsplatz, mit dem Umgang der verschiedenen Materialien sowie beim Einsatz von Maschinen und Geräten lauern Unfallgefahren und Gesundheitsgefährdungen (Bild 2.1). Um Unfälle zu vermeiden, müssen die Vorschriften des Arbeits- und Umweltschutzes genau beachtet werden.

**Bild 2.1**
Gesundheitsgefährdender Arbeitsplatz

## 2.1.1 Persönliche Schutzausrüstung

Der Fahrzeuglackierer hat auf die *persönliche Schutzausrüstung* zu achten und sie einzusetzen:
- ❑ Atemschutz (Bild 2.2a),
- ❑ Hautschutz (Bild 2.2b),
- ❑ Augenschutz (Bild 2.2c),
- ❑ Gehörschutz (Bild 2.2d),
- ❑ Schutzkleidung (Bild 2.2e).

Bild 2.2a        Bild 2.2b

## 2.1.2 Arbeitssicherheit am Arbeitsplatz

Folgende *Maßnahmen* sind zu treffen:
- ❑ Räumliche Trennung von Lackiervorbereitung, Mischmaschinenraum und Lager,
- ❑ Kennzeichnung der Rettungswege,
- ❑ Notausgangstüren,
- ❑ Feuerlöscher (Richtwert: 2 Löscher für 50 m²),
- ❑ Löschdecken,
- ❑ Alarmpläne,
- ❑ Rauchverbotsschilder

bereitstellen.

Bild 2.2c        Bild 2.2d

Bild 2.2e

### 2.1.3 Sicherheitskennzeichen

Mit Hilfe von Sicherheitskennzeichen kann schnell und verständlich informiert werden.

*Sicherheitskennzeichen* sind in fünf Gruppen eingeteilt:

❑ Verbotszeichen,
❑ Warnzeichen,
❑ Brandschutzzeichen,
❑ Rettungszeichen,
❑ Gebotszeichen.

---

**Sicherheitsdatenblatt**
                  **gemäß 91/155/EWG**
Hersteller:
Produkt-Nr.
Handelsname
Druckdatum:
**01. Stoff-/Zubereitungs-**
**und Firmenbezeichnung**
Handelsname
Hersteller/Lieferant
Adresse/Ansprechpartner
**02. Zusammensetzung/Angaben**
**zu Bestandteilen**
Chemische Charakterisierung
Gefährliche Inhaltsstoffe
**03. Mögliche Gefahren**
Bezeichnung der Gefahren
Besondere Gefahrenhinweise
für Mensch und Umwelt
**04. Erste Hilfemaßnahmen**
Allgemeine Hinweise

---

**Bild 2.3**
Beispiel einer ersten Seite eines
Sicherheitsdatenblattes

## 2.2 Vorschriften, Verordnungen, Regeln

❑ Arbeitschutzgesetz
❑ Bundes-Immissionsgesetz
❑ Abfallgesetz
❑ Gefahrstoffverordnung
❑ Regeln der Berufsgenossenschaft

### 2.2.1 Sicherheitsdatenblatt (Bild 2.3)

Alle Gefährdungen und Fragen zu Lagerung, Transport und Entsorgung eines zu verwendenden Produktes können dem Sicherheitsdatenblatt entnommen werden.

### 2.2.2 Gefahrstoffverordnung

Die Verordnung zum Schutz vor Gefahrstoffen beschreibt die Forderungen, die über das Arbeitsschutzgesetz hinausgehen. Die wesentlichsten *Inhalte* sind:

❑ Anwendungs- und Begriffbestimmungen,
❑ Gefahrstoffinformation über Gefährlichkeitsmerkmale, Kennzeichnung (Bild 2.4) und Sicherheitsdatenblatt,
❑ allgemeine Schutzmaßnahmen mit Schutzstufenkonzept der vier Schutzstufen entsprechend der Gefährdungsbeurteilung,
❑ ergänzende Schutzmaßnahmen bei Tätigkeiten hoher Gefährdung (Schutzstufen 3 und 4).

| Explosions-gefährlich | Hoch-entzündlich | Leicht-entzündlich | Brand-fördernd | Umwelt-gefährlich |

| Sehr giftig | Giftig | Gesundheits-schädlich | Reizend | Ätzend |

**Bild 2.4**
Kennzeichnung der Gefährlichkeits-
merkmale

### 2.2.3 Schutzstufen-konzept (Bild 2.5)

☐ Schutzstufe 1
Gilt für reizende (Xi), für gesund-heitsgefährliche (Xn) und für ätzende (C) Gefahrstoffe bei ge-ringer Gefährdung.

☐ Schutzstufe 2
Stets, wenn nicht Schutzstufe 1 vorliegt bzw. mit Xi, Xn und C gekennzeichneten Stoffen gear-beitet wird.

☐ Schutzstufe 3
Bei akut giftigen und sehr giftigen Stoffen und im-mer, wenn Stoffe mit T und T+ gekennzeichnet sind.

☐ Schutzstufe 4
Bei krebserzeugenden, erbgutverändernden und fruchtbarkeitsschädigenden Gefahrstoffen.

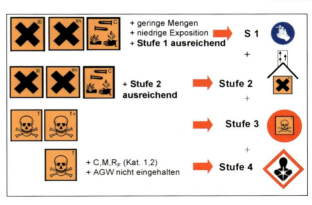

**Bild 2.5**
Schutzstufenkonzept

### 2.2.4 Rangfolge der Schutzmaßnahmen

☐ Ersatz des Gefahrstoffes oder Änderung des Verfahrens
☐ Absaugen
☐ Lüften
☐ Persönliche Schutzausrüstung

### 2.2.5 Stoffbezeich-nungen (Bild 2.6)

☐ Angaben zu den Inhaltsstoffen
☐ EU-Kennzeichnung, z. B. UN-Nr. 2363, EG-Nr. 016-022-00-9
☐ Gefahrenhinweise – R-Sätze z. B. R 11 Leichtentzündlich, R 20 Gesundheitsschädlich beim Einatmen
☐ Sicherheitsratschläge – S-Sätze z. B. S 16 Von Zündquellen fern-halten – Nicht rauchen
☐ Gefahrensymbole
☐ Anschrift des Lieferanten, Tel.-Nr., Hersteller, Einführer, Vertreiber

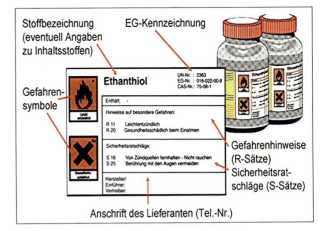

**Bild 2.6**
Stoffbezeichnungen

**Bild 2.7**
Filtergerät

**Bild 2.8**
Isoliergerät

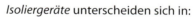
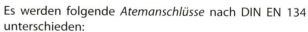

**Bild 2.9**
Vollmaske

## 2.2.6 Betriebsanweisungen

Betriebsanweisungen nach § 14 der Gefahrstoffverordnung sind arbeitsplatz- und tätigkeitsbezogene verbindliche schriftliche Anordnungen und Verhaltensregeln des Arbeitgebers an Beschäftigte zum Schutz vor Unfall- und Gesundheitsgefahren sowie zum Schutz der Umwelt beim Umgang mit Gefahrenstoffen.

## 2.2.7 Atemschutz

Atemschutz wird dort überall zum Einsatz kommen, wo Beschäftigte durch gefährliche Stoffe in der Atemluft geschützt werden müssen. Welches Atemschutzgerät zum Einsatz kommt, hängt von der Schadstoffkonzentration ab. Die *Einteilung der Atemschutzgeräte* erfolgt nach DIN EN 133 und DIN EN 134:
- ❏ Filtergeräte, abhängig von der Umgebungsatmosphäre (Bild 2.7),
- ❏ Isoliergeräte, unabhängig von der Umgebungsatmosphäre (Bild 2.8).

*Filtergeräte* unterscheiden sich in der *Bauform*:
- ❏ Atemanschlüsse mit trennbaren Filtern,
- ❏ filtrierende Atemanschlüsse mit nicht trennbaren Anschlüssen.

*Isoliergeräte* unterscheiden sich in:
- ❏ nicht frei tragbar,
- ❏ frei tragbar.

Es werden folgende *Atemanschlüsse* nach DIN EN 134 unterschieden:
- ❏ Vollmasken (Bild 2.9),
- ❏ Halbmasken,
- ❏ Atemschutzhauben,
- ❏ Atemschutzhelme und Atemschutzanzüge.

## 2.2.8 VOC-Richtlinie

VOC (*volatile organic compounds*) steht als englische Abkürzung für eine Vielzahl von flüchtigen organischen Verbindungen. Die VOC-Verordnung legt die Reduzierung von Lösemittelemissionen fest. Lösemittel werden im Lackierprozess für Reinigung von Spritzpistolen und Geräten benötigt sowie auch für die Vorbereitung der Oberflächen zum Lackieren.

*Eine Möglichkeit der Reduzierung von Lösemittelemissionen ist die Verwendung von Produkten mit reduziertem Lösemittelanteil.*

## 2.2.9 Hautschutz

Fahrzeuglackierer haben Umgang mit Lösemitteln; darum muss die Haut besonders geschützt werden (Bild 2.10). Lösemittel und Verdünnungen entziehen der Haut Fett, sie wird dadurch trocken und rissig. Hautschutzmaßnahmen werden am besten in einem Hautschutzplan (Bild 2.11) festgelegt. Stellen Sie folgende *Veränderungen der Haut* fest, sollte ein Arzt aufgesucht werden:

- ❑ Krustenbildung,
- ❑ Hautschwellung,
- ❑ trockene und rissige Haut,
- ❑ juckende Hautrötung,
- ❑ nässende Wunden,
- ❑ Bläschenbildung.

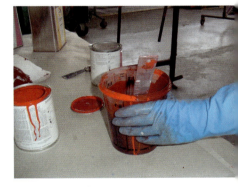
Bild 2.10

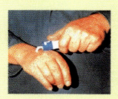

# Hautschutzplan
## für Werkstätten

*(bitte mit wasserfestem Schreibstift Produktnamen in den Hautschutzplan eintragen und aushängen)*

| Hautgefährdende Tätigkeit | Hautschutzmittel *(vor der Arbeit und nach dem Händewaschen)* | Schutzhandschuhe *(während der Arbeit)* | Hautreinigungsmittel | Hautpflegemittel *(nach der Arbeit)* |
|---|---|---|---|---|
| **Umgang mit nichtwasser-mischbaren Arbeits-stoffen, z. B. Mineralölen, Fetten, Kraftstoffen, usw.** | Produktname | Produktname | Produktname | Produktname |
| **Stark hauthaftende Verschmutzungen und Arbeitsstoffe, z. B. Altöl, Grafit, Metallstaub, Ruß, Ölfarben, Lacke usw.** | | | | |
| **Umgang mit wässrigen Arbeitsstoffen, z. B. bei Reinigungsarbeiten** | | | | |
| **Umgang mit wechselnden Arbeitsstoffen, z. B. nicht-wassermischbaren und wassermischbaren Arbeitsstoffen** | | | | |
| **Mechanische Haut-verletzungen, z. B. raue Oberflächen, Umgang mit Stahlwolle usw.** | | | | |
| **UV-Strahlenbelastung, z. B. Elektroschweißen und -schneiden** | | | | |

Hersteller von Hautschutz-, Hautreinigungs- und Hautpflegemitteln sowie Schutzhandschuhen sind im Merkblatt „Hautschutz in Werkstätten" (Bestell-Nr. M 106) aufgelistet.

➤ Anwendungshinweise zum Hautschutzplan auf der Rückseite
➤ Weitere Informationen im genannten Merkblatt

**BGE**
Berufsgenossenschaft
für den Einzelhandel

Bestell-Nr. A 12

Bild 2.11

## 2.2.10 Umweltschutz

Umweltschutz in Lackierereien heißt in erster Linie, Schadstoffemissionen zu vermeiden und das Abfallvolumen und den Energieverbrauch auf ein Minimum zu reduzieren. Das Abfallgesetz (AbfG) besagt, dass Abfälle vermieden werden sollen. Nur wenn Abfallvermeidung oder -verwertung nicht möglich ist, sind Reststoffe als Abfälle ordnungsgemäß und schadlos zu beseitigen. Sobald die Schlämme Giftstoffe enthalten – wie unverarbeitete Lackreste, Schleifstaub, Filtermatten –, so kommt für die Entsorgung nur eine Sondermülldeponie in Betracht.

## 2.2.11 Wirksame Lackauftragstechniken zur Reduzierung der Umweltbelastung

Während des Spritzens verbleibt nur ein Teil des Spritznebels auf der zu lackierenden Oberfläche und bildet einen Film. Der Nutzungsgrad bei herkömmlichen Spritzpistolen liegt bei 50%. *Spritzgeräte* mit höherem Nutzungsgrad sind:

❏ Spritzen mit vermindertem Druck (z. B. hochvolumiges Niederdruckspritzen (HVLP) (Bild 2.12),
❏ druckluftlose Spritzen,
❏ luftgeförderte, druckluftlose Spritzen.

Ziel muss es jedoch immer sein, möglichst Produkte mit niedrigem Lösemittelanteil einzusetzen.

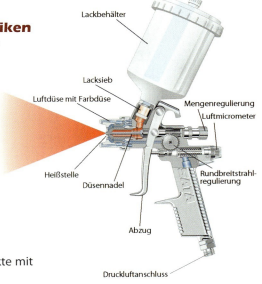

Bild 2.12 [24]

## 2.2.12 Sicherheit bei Karosseriearbeiten

Bei Trenn-, Schleif- und Richtarbeiten sind Schutzbrille und bei höherem Lärmpegel Gehörschutz tragen.

## 2.2.13 Schutz vor Unfällen durch Strom

Fehler bei der Einrichtung von Anlagen und Mängel an elektrischen Betriebsmitteln (Bild 2.13) können lebensgefährlich sein. Alle elektrischen Betriebsmittel, Maschinen und Geräte müssen den DIN-Bestimmungen für Elektrowerkzeuge entsprechen.

**Bild 2.13**
Mängel an elektrischen Geräten

## 2.2.14 Kurzzeichen und Symbole auf elektrischen Geräten

Die in Bild 2.14 dargestellten Symbole und Kurzzeichen geben die Einsatzmöglichkeiten der elektrischen Betriebsmittel an. Defekte elektrische Betriebsmittel sind zu kennzeichnen und durch Sachkundige zu reparieren.

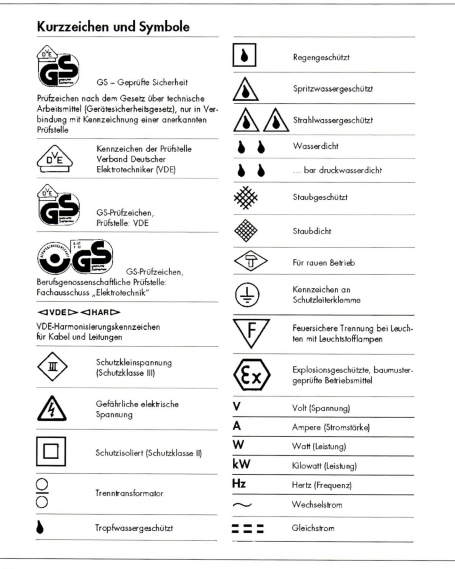

### Kurzzeichen und Symbole

GS – Geprüfte Sicherheit

Prüfzeichen nach dem Gesetz über technische Arbeitsmittel (Gerätesicherheitsgesetz), nur in Verbindung mit Kennzeichnung einer anerkannten Prüfstelle

Kennzeichen der Prüfstelle Verband Deutscher Elektrotechniker (VDE)

GS-Prüfzeichen, Prüfstelle: VDE

GS-Prüfzeichen, Berufsgenossenschaftliche Prüfstelle: Fachausschuss „Elektrotechnik"

◁VDE▷ ◁HARD▷

VDE-Harmonisierungskennzeichen für Kabel und Leitungen

Schutzkleinspannung (Schutzklasse III)

Gefährliche elektrische Spannung

Schutzisoliert (Schutzklasse II)

Trenntransformator

Tropfwassergeschützt

Regengeschützt

Spritzwassergeschützt

Strahlwassergeschützt

Wasserdicht

... bar druckwasserdicht

Staubgeschützt

Staubdicht

Für rauen Betrieb

Kennzeichen an Schutzleiterklemme

Feuersichere Trennung bei Leuchten mit Leuchtstofflampen

Explosionsgeschützte, baumustergeprüfte Betriebsmittel

| V | Volt (Spannung) |
| A | Ampere (Stromstärke) |
| W | Watt (Leistung) |
| kW | Kilowatt (Leistung) |
| Hz | Hertz (Frequenz) |
| ~ | Wechselstrom |
| = = = | Gleichstrom |

**Bild 2.14**
Symbole, Kurzzeichen

*Elektrische Anlagen und Geräte dürfen nur von Elektrofachkräften errichtet, verändert oder Instand gesetzt werden. Defekte Geräte und Anlagen sind außer Betrieb zu setzen und zu kennzeichnen. Nur genormte Steckverbindungen verwenden. Bei Unfällen sofort den Strom ausschalten und den Arzt rufen.*

## 2.2.15 VDE/GS-Gütezeichen

Der Verband der Elektrotechnik Elektronik Informationstechnik e.V. ist ein Prüf- und Zertifizierungsinstitut, das die Sicherheit und Gebrauchstauglichkeit von elektrischen Anlagen, Betriebsmitteln und technischen Arbeitsmitteln prüft. Erst nach deren Zulassung darf das Gütezeichen VDE/GS auf den Anlagen und Geräten angebracht werden.

## 2.2.16 Brandschutz

Unzureichender Brandschutz und mangelnde Kenntnisse in der Brandbekämpfung können für alle Beschäftigten lebensgefährlich sein.
*Vorbeugender Brandschutz:*
❑ Leicht entzündliche, brandfördernde oder selbstentzündende Stoffe nur in geringen Mengen lagern.
❑ Feuerlöscheinrichtungen bereithalten und Aufstellungsorte kennzeichnen (Bild 2.15).
❑ Alle Mitarbeiter in der Bedienung von Feuerlöschern unterweisen.

Bild 2.15

Im *Fall des Brandes*:
❑ Brand mit genauen Angaben der Feuerwehr melden,
❑ Brand sofort mit Feuerlöscheinrichtungen bekämpfen.

## Aufgaben

1. Nennen Sie die persönlichen Schutzausrüstungen für den Fahrzeuglackierer; wann werden sie eingesetzt?

2. Sicherheitskennzeichen werden in fünf Gruppen eingeteilt. Nennen Sie die Gruppen und ordnen Sie die in Bild A.1 gezeigten Sicherheitskennzeichen zu.

**Bild A.1**
Sicherheitskennzeichen

3. Welche wichtigen Daten können einem Sicherheitsdatenblatt entnommen werden?

4. Beschreiben Sie das Schutzstufenkonzept der Gefahrstoffverordnung.

5. Sie sollen in der Betriebsstätte alle elektrischen Geräte auf sichtbare Defekte prüfen.
   a) Welches Prüfkennzeichen sollten möglichst alle elektrischen Betriebsmittel haben?
   b) Wie soll mit Geräten umgegangen werden, an denen Sie sichtbare defekte festgestellt haben?
   c) Wer darf solche Geräte reparieren?
   d) Nennen Sie die erste Maßnahme bei Stromunfällen.
   e) Was bedeuten die in Bild A.2 dargestellten Symbole?

**Bild A.2**
Symbole

6. Was bedeuten die in Bild A.3 dargestellten Sicherheitskennzeichen?

**Bild A.3**

7. Was bedeuten die in Bild A.4 dargestellten Gefahrstoffzeichen?

**Bild A.4**

8. Welche Daten können dem Sicherheitsdatenblatt entnommen werden?

9. Nennen Sie Vorschriften, Verordnungen und Regeln des Arbeitsschutzes.

10. Atemschutzgeräte werden nach DIN EN 133 und DIN EN 134 in zwei Gruppen unterteilt. Welche sind das?

11. Bezeichnen Sie die in Bild A.5 dargestellten Atemanschlüsse nach DIN EN 134.

**Bild A.5**

12. Was soll durch die VOC-Richtlinie erreicht werden?

13. Welche Möglichkeiten hat der Fahrzeuglackierer, die VOC-Richtlinie umzusetzen?

14. Welche Lackauftragsarten reduzieren die Umweltbelastung?

15. Welchem Zweck dienen Betriebsanweisungen?

16. Welche Angaben finden Sie auf den zu verarbeitenden Produkten?

17. Bei den Schutzmaßnahmen vor gefährlichen Stoffen ist eine Möglichkeit, persönliche Schutzausrüstung einzusetzen. Von welchen Möglichkeiten sollte davor Gebrauch gemacht werden?

18. Nach der VOC-Richtlinie sollen Lösemittel reduziert werden. Nennen Sie Möglichkeiten der Reduzierung.

19. Wo sind Hautschutzmaßnahmen festgelegt?

20. Bei welchen Veränderungen der Haut sollten Sie einen Arzt aufsuchen?

21. Nennen Sie Möglichkeiten des vorbeugenden Brandschutzes.

22. Wie sollen Sie sich im Fall eines Brandes als Erstes verhalten?

23. Bezeichnen Sie die in Bild A.6 dargestellten Atemanschlüsse nach DIN EN 134.

**Bild A.6**

# 3 Untergründe

## 3.1 Metalle – 33

3.1.1 Metallteile am Fahrzeug – 33

3.1.2 Stahl – 33

3.1.3 Höherfestes Karosserieblech – 34

3.1.4 Aluminium – 35

3.1.5 Zink – 35

3.1.6 Korrosion – 36


## 3.2 Kunststoffe – 41

3.2.1 Anwendung von Kunststoffen im Automobilbau – 41

3.2.2 Einteilung der Kunststoffe – 41

3.2.3 Blends – 42

3.2.4 Kunststoff-Erkennung – 42

3.2.5 Lösemittelempfindliche Kunststoffe – 43

3.2.6 Vorbereitung von Kunststoff-oberflächen – 44

3.2.7 Reinigung der Teile – 44

3.2.8 Tempern – 44

3.2.9 Entfettungstest – 45

3.2.10 Kunststoff-Recycling – 45

3.2.11 Recyclefähige Kunststoffteile beim Auto – 46

**3.2.12  Kennzeichnung von Kunststoff-
bauteilen  – 46**

**3.2.13  Fachausdrücke  – 47**

## 3.3  Holz  – 50

**3.3.1  Holzwerkstoffe  – 50**

**3.3.2  Platten für den Fahrzeugbau  – 51**

**3.3.3  Plattenverbindungen  – 52**

## 3.1    Metalle

Der überwiegende Anteil der Oberflächen, die Fahrzeuglackierer zu beschichten haben, sind Eisen- und Nichteisenmetalle. Die vom Herstellungswerk angelieferten Blechrollen werden im Automobilwerk zugeschnitten und zum Fertigteil gepresst (Bild 3.1).

### 3.1.1    Metallteile am Fahrzeug

An jedem Fahrzeug sind sichtbar und unsichtbar Metalle vorhanden. Karosserieteile wie Türen, Hauben und Kotflügel sowie Teile zur Aussteifung werden aus Stahlblech gefertigt. Diese Bauteile unterliegen der Korrosion und müssen durch eine fachgerechte Beschichtung geschützt werden. Metalle werden in drei *Gruppen* aufgeteilt:

- ❑  Eisenmetalle;
- ❑  Nichteisenmetalle: Aluminium, Zink, Kupfer, Blei;
- ❑  Edelmetalle: Gold, Silber, Platin.

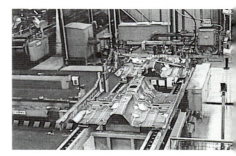

**Bild 3.1**
Die mittlere Bodengruppe wird dem nächsten Fertigungstrakt automatisch zugeführt. [2]

> **!** *Ungeschützt können Eisen- und Nichteisenmetalle durch Korrosion zerstört werden. Durch chemische oder elektrochemische Einflüsse verändert sich die Oberfläche. Nur ein auf die Oberfläche und die Eigenschaften der Metalle abgestimmtes Beschichtungssystem schützt sie.*

### 3.1.2    Stahl

Stahl wird aus Roheisen gewonnen. Die ungünstigen Eigenschaften von Roheisen werden durch verschiedene Verfahren verbessert, um die notwendigen Eigenschaften für den Fahrzeugbau wie Elastizität, Druck- und Zugfestigkeit zu erreichen.

**Bild 3.2**
Korrosionsbeschädigtes Fahrzeug

### 3.1.3 Höherfestes Karosserieblech (Bild 3.3)

Früher wurden für Karosseriebleche nur Kohlenstoffstähle mit guten Verformungseigenschaften verwendet. Durch verschiedene Bearbeitungsverfahren, z. B. Walzen, Wärmezufuhr, wird eine Verfestigung (Streckgrenzenzuwachs) des Stahlbleches erreicht. Bei normalem Karosserieblech liegt der Wert der Streckgrenze bei ca. 190 N/mm². Bei höherfestem Stahlblech (Tailored blanking) liegt er bei 350 N/mm². Da der Einsatz von höherfestem Stahlblech für den Karosseriebau nur begrenzt möglich ist, werden überwiegend normal Stahlbleche hergestellt und verwendet.

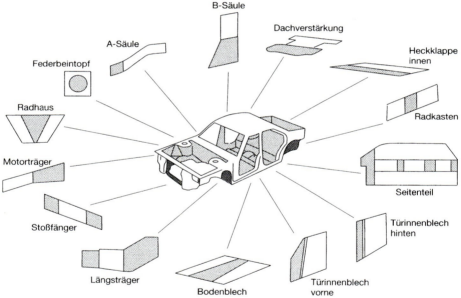

**Bild 3.3**
Möglichkeiten zum Einsatz von Tailored blanks an einer Pkw-Karosserie [7]

### 3.1.4 Aluminium

In den letzten Jahren wurde zunehmend aluminiumlegiertes Karosserieblech wegen der geringen Masse und Korrosionsbeständigkeit im Fahrzeugbau – besonders im Lkw-Kastenbau – eingesetzt (Bild 3.4).
Im Pkw-Bereich ist die Anwendung auf Bauteile beschränkt, die besonders leicht und stabil sein müssen.

Im Autobau unterscheiden wir zwei *Herstellungskonzepte* mit Aluminium:

❑ Space Frame: Autokonstruktionen sind vollständig aus Aluminium hergestellt (z. B. Audi A8 und A3, BMW Z8, Honda NSX, ...);
❑ Hybrid-Bauweise: Es werden sowohl Aluminium wie auch andere Materialien eingesetzt. So sind zum Beispiel die tragenden Teile aus Stahl und die Außenteile (Türen, Deckel, Kotflügel, Seitenwände usw.) aus Aluminium (Bild 3.5).

Die Stahl- und Aluminiumbearbeitung muss konsequent räumlich getrennt sein, da Eisenstaub das Aluminium infolge von Kontaktkorrosion zerstört.

**Bild 3.4**
Kastenaufbau aus Aluminium

**Bild 3.5**
BMW-5er-Rohkarosserie mit Vorderbau, Motorhaube und Kotflügel aus Aluminium

### 3.1.5 Zink

Feinzink (reines Zink) wird im Fahrzeugbau nicht benutzt. Zink wird zum Korrosionsschutz durch Verzinken eingesetzt (Bild 3.6).

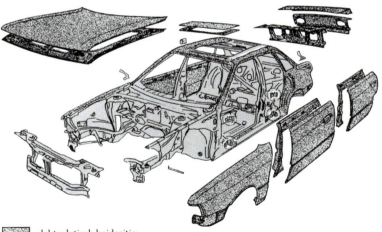

elektrolytisch beidseitig verzinkt,
feuerverzinkt beidseitig
(Quelle: Audi)

**Bild 3.6**
Vollverzinkte Karosserie des Audi 80 [2]

### Verzinkung von Stahl

Optimalen Korrosionsschutz bieten vollverzinkte Karosserien. Bei verzinkten Karosserien werden meist die Bodengruppe mit Rahmenteilen und nicht sichtbare Innenteile feuerverzinkt. Dach, Türen, Seitenteil und Tankdeckel tragen auf der Oberfläche eine galvanische Verzinkung.

### Feuerverzinkung

Stahlblech wird bei der Feuerverzinkung in schmelzflüssiges Zink getaucht. Die Oberfläche wird so mit einer Eisen-Zink-Legierungsschicht überzogen, die gut auf Stahl haftet. Beim Sendzimirverfahren wird das Breitbandblech mit ca. 500 °C ins Zinkbad geleitet. Das Kennzeichen für Feuerverzinkung sind die Zinkblumen auf der Oberfläche.

### Galvanische Verzinkung

Stahlblech als Katode (–) und Zinkplatten als Opferanoden (+) werden in ein Bad mit sauren Elektrolyten gehängt, und es bildet sich eine Zinkschicht, die silbrig glatt erscheint.

**Bild 3.7**
Fahrzeug mit starker Korrosion

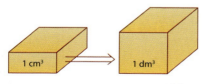

**Bild 3.8**
Volumenvergrößerung durch Rost
(Würfel 1 cm³ wird zu 1 dm³)

## 3.1.6  Korrosion

Die Karosserie und die Oberfläche des im Bild dargestellten Fahrzeugs sind durch Korrosion stark beschädigt (Bild 3.7). Die Schäden durch Korrosion betragen jährlich viele Milliarden Euro. Die Vermeidung von Korrosion bzw. die Instandsetzung verschlingt große Summen. Korrosionsvermeidung bedeutet Kosten senken.

### Korrosionsarten

Korrosion tritt in verschiedenen Erscheinungsformen auf.

*Stahloxidation (-korrosion)*
Nach DIN EN ISO 12 944 ist Korrosion die Reaktion eines metallischen Stoffes mit seiner Umgebung und führt zu Schäden, die an der Oberfläche erkannt werden können. Korrosion ist ein natürlicher Vorgang. Hauptsächlich wirken Sauerstoff, Wasser und wässrige Lösungen auf das Metall ein. An den korrodierenden Stellen ist eine Volumenvergrößerung zu beobachten. Das ist der Grund, warum dort Beschichtungen abplatzen (Bild 3.8).

*Korrosion durch feuchte Umgebung*
Die am häufigsten auftretende Korrosionsart tritt in Gegenwart einer elektrisch leitenden Flüssigkeit (Wasser, wässrige Lösungen, feuchte Luft) auf. Eine elektrisch leitende Flüssigkeit wird Elektrolyt genannt. Die Anwesenheit von Elektrolyten bewirkt, dass Metalle in Lösung aufgehen. Sie geben Elektronen ab und verlieren metallische Eigenschaften. Dabei fließt Strom, dessen Spannung ein Maß für das Auflösungs-/Korrosionsverhalten des jeweiligen Metalls ist. Dieses wird als elektrochemische Korrosion bezeichnet.

*Gleichmäßige Korrosion*
Tritt die Korrosion flächenförmig, gleichmäßig auf der Oberfläche verteilt auf, spricht man von gleichmäßiger Korrosion. Die Dicke der Korrosionsschicht ist auf der gesamten Oberfläche etwa gleich (Bild 3.9).

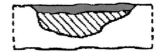

**Bild 3.9**
Flächenkorrosion

*Örtliche Korrosion (Lochfraßkorrosion)*
Das Grundmetall wird stellenweise lochartig an- und durchgefressen, wobei die übrige Oberfläche wenig oder gar nicht in Mitleidenschaft gerät (Bild 3.10). Die Tiefe der Lochfraßstelle ist etwa gleich oder größer als ihr Durchmesser.

**Bild 3.10**
Lochfraßkorrosion

*Narbenkorrosion*
Durch die Korrosion treten örtlich begrenzte narbenartige Schäden auf (Bild 3.11).

**Bild 3.11**
Narbenkorrosion

*Interkristalline Korrosion*
Diese Korrosionsart ist von außen nicht wahrnehmbar. Die Metalle bilden ein Kristallgitter und zerfallen (Bild 3.12).

*Spaltkorrosion*
Diese verstärkte Korrosion tritt in Spalten oder Rissen bzw. an Berührungsflächen zweier metallischer Körper auf (Bild 3.13).

**Bild 3.12**
Interkristalline Korrosion

*Spannungsrisskorrosion*
Wenn die unter Zugspannung stehenden Bauteile durch aggressives Wasser angegriffen werden, kann Spannungsrisskorrosion entstehen.

*Schichtkorrosion*
Bei in Schichten aufgebauten Bauteilen entstehen häufig bei der Verformung der Körper Korrosionsstellen entlang des «Faserverlaufs».

**Bild 3.13**
Spaltkorrosion

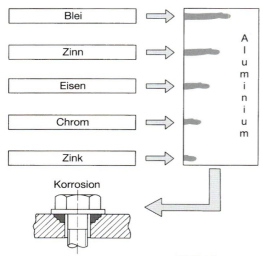

Korrosion

**Bild 3.14**
Kontaktkorrosion an Aluminium [8]

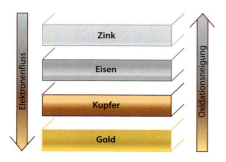

**Bild 3.15**
Je unedler (negativ) die Ladung ist, desto
schneller oxidiert (rostet) das Metall.

*Grenzflächenkorrosion*
An den Grenzflächen Wasser–Luft kann häufig Korrosion beobachtet werden.

*Kontaktkorrosion*
Sie entsteht bei Verbindungen von Blechteilen, wenn Metalle verwendet werden, die in der Spannungsreihe weit voneinander entfernt liegen, z.B. Stahl und Aluminium (Bild 3.14).

**Elektrochemische Spannungsreihe**
Bestimmte Metalle neigen zur Abgabe von Elektronen, z.B. Eisen. Einige Metalle, z.B. Kupfer und Gold, neigen weniger zur Elektronenabgabe und oxidieren weniger oder schwer. Werden zwei Stoffe mit unterschiedlicher Oxidationsneigung miteinander in Verbindung gebracht, kommt es zu einem Elektronenfluss zur höheren Oxidation hin. Metalle werden nach ihrem Ladungsunterschied gegenüber einer Wasserstoffelektrode geordnet (Bild 3.15).

**Aufgaben**

---

1. Nennen Sie die drei Gruppen, in die Metalle eingeteilt werden.

2. Wie nennt man die Verfestigung des Stahlbleches bei höherfestem Karosserieblech?

3. Warum wird Aluminium zunehmend im Automobilbau eingesetzt?

4. Im Autobau unterscheidet man zwei Herstellungskonzepte mit Aluminium. Nennen Sie beide.

5. Nennen Sie Verzinkungsverfahren, die im Automobilbau eingesetzt werden.

6. Was bedeutet der Begriff «Sendzimirverfahren»?

7. Wie entsteht Korrosion?

8. Was geschieht, wenn Metalle, die in der elektrochemischen Spannungsreihe weit auseinanderliegen, verbunden werden?

9. Wie erkennen Sie Lochfraßkorrosion?

10. Wann spricht man von Flächenkorrosion?

11. Erklären Sie, wann Grenzflächenkorrosion auftreten kann.

12. Bei in Schichten aufgebauten Bauteilen entstehen häufig bei der Verformung der Körper Korrosionsstellen. Wie wird diese Art von Korrosion genannt?

13. Wann tritt die Spaltkorrosion auf?

14. Was bedeutet der Begriff «Hybrid-Bauweise»?

15. Unter welchen Bedingungen entsteht Kontaktkorrosion?

   **(Eine Antwort ist richtig)**

   a) Wenn Stahl und Wasser sich berühren.
   b) Wenn Rost mit blankem Stahl in Berührung kommt.
   c) Wenn zwei verschiedene Metalle und Feuchtigkeit zusammentreffen.
   d) Wenn Stahl und Sauerstoff vorhanden sind.

16. Welche Umweltfaktoren begünstigen Korrosion?

   a) Klimaveränderung.
   b) Tiefe Temperaturen.
   c) Hohe Temperaturen.
   d) Sauerstoff und Feuchtigkeit.

17. Warum platzen Lackschichten bei Unterrostung ab?

   a) Durch Volumenvergrößerung des Rostes.
   b) Rost erhöht die Spannung im Untergrund.
   c) Die Lackschicht wird spröde.
   d) Die Lackschicht wird chemisch zerstört.

18. Wozu werden im Fahrzeugbau verzinkte Bleche verwendet?
    a) Um einen extrem glatten Untergrund zu erzielen.
    b) Um das Grundieren überflüssig zu machen.
    c) Um die Haftung der Lackierung zu erhöhen.
    d) Um den Korrosionsschutz zu erhöhen.

19. Weshalb wird Stahl durch Verzinken geschützt?
    a) Zink ist unedler als Stahl und oxidiert früher.
    b) Durch die Oberflächenglätte findet Rost keine Angriffspunkte.
    c) Der höhere Glanzgrad schützt vor Korrosion.
    d) Zink löst sich nie auf.

20. Wie erkennt man feuerverzinktes Stahlblech?
    a) Die Oberfläche wirkt grau bis weiß.
    b) An den Zinkblumen auf der Oberfläche.
    c) An der silbrig glatten Oberfläche.
    d) An der leichten Rauigkeit der Oberfläche.

21. Karosserieteile aus Aluminiumlegierungen sind gegenüber Stahlteilen
    a) leichter.
    b) schwerer.
    c) gleich schwer.
    d) billiger.

22. Warum wurde in den letzten Jahren zunehmend aluminiumlegiertes Metall
    im Karosseriebau verwendet?
    a) Weil es billiger in der Verarbeitung und Herstellung ist als Stahl.
    b) Wegen der geringen Masse und Korrosionsbeständigkeit.
    c) Wegen der schönen Oberfläche.
    d) Weil Stahl am Weltmarkt teurer ist als Aluminium.

## 3.2 Kunststoffe

Ein Mittelklasseauto besteht etwa aus 5000 Teilen. Davon sind bis zu 1500 Teile aus Kunststoff (Bild 3.16). Diese Teile sind zu 63% bei der Innenausstattung, zu 15% an der Karosserie, 9% beim Motor und Getriebe, 8% in der Elektrik und Elektronik und zu 5% am Fahrwerk (ohne Reifen) zu finden. In Gewichtsprozenten ausgedrückt besteht ein Auto bis zu 13% aus Kunststoffen. Die Gründe für die Verwendung von Kunststoffen an Autos sind, dass Teile aus Kunststoffen mit hoher Qualität in großen Stückzahlen hergestellt werden können, Kunststoffe korrosionsbeständig sind und geringer im Gewicht als Metalle sind.

**Bild 3.16**
Immer mehr Karosserie-Außenteile werden aus Kunststoff hergestellt (Beispiel BMW Z1). [9]

### 3.2.1 Anwendung von Kunststoffen im Automobilbau

- ❏ Innenausstattung
- ❏ Motor und Getriebe
- ❏ Elektrik/Elektronik
- ❏ Fahrwerk
- ❏ Karosserie
- ❏ Funktions- und Zierteile

### 3.2.2 Einteilung der Kunststoffe

Der Molekülaufbau ist entscheidend für die Zuordnung der Kunststoffe. Die Eigenschaften hängen von den Makromolekülen ab. *Kunststoffarten* werden unterschieden in:

- ❏ Thermoplaste (Plastomere; Bild 3.17),
- ❏ Duroplaste (Duromere; Bild 3.18),
- ❏ Elastomere, Bild 3.19.

**Bild 3.17**
Aufbau von Thermoplasten [2]

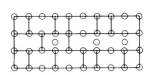

**Bild 3.18**
Aufbau von Duroplasten [2]

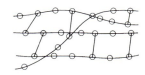

**Bild 3.19**
Aufbau von Elastomeren [2]

Die Kunststoffarten haben unterschiedliche Eigenschaften. Thermoplaste schmelzen bei Erwärmung und werden spröde bei der Abkühlung, sind quellbar und löslich durch entsprechende Lösemittel. Duroplaste sind hart, nicht schmelzbar, nicht löslich und nur schwach quellbar. Elastomere besitzen bei Normaltemperatur hohe Elastizität, sind nicht schmelzbar, nicht löslich, mit entsprechendem Lösemittel quellbar.

### 3.2.3 Blends

Kunststoffe kommen beim Automobilbau nicht in Reinform vor, sondern mit verschiedenen Kunststoffkombinationen (Blends) gemischt. Dadurch können mehrere gute Eigenschaften in einem neuen Kunststoff zusammengefügt werden.

Als Zusatzstoffe werden Ruß, Weichmacher, Farbstoffe, Glasfaser, Steinmehl und andere verwendet.

### 3.2.4 Kunststoff-Erkennung

An Fahrzeugen werden eine Vielzahl von Kunststofftypen eingesetzt (Tabelle 3.1). Kunststoffe, die an der Außenseite von Fahrzeugen eingesetzt werden, zeigt Bild 3.20.

Im Kfz-Zubehörhandel können Ersatzteile erworben werden, die nachträglich angebaut werden, aber nicht die gleiche Zusammensetzung wie die Originalteile der Automobilhersteller aufweisen.

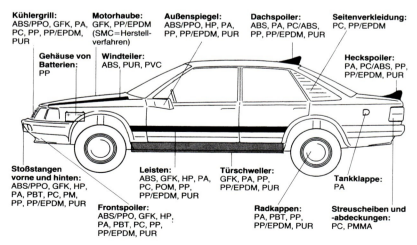

**Kühlergrill:**
ABS/PPO, GFK, PA, PC, PP, PP/EPDM, PUR

**Motorhaube:**
GFK, PP/EPDM (SMC=Herstellverfahren)

**Außenspiegel:**
ABS/PPO, HP, PA, PP, PP/EPDM, PUR

**Dachspoiler:**
ABS, PA, PC/ABS, PP, PP/EPDM, PUR

**Seitenverkleidung:**
PC, PP/EPDM

**Gehäuse von Batterien:**
PP

**Windteiler:**
ABS, PUR, PVC

**Heckspoiler:**
PA, PC/ABS, PP, PP/EPDM, PUR

**Stoßstangen vorne und hinten:**
ABS/PPO, GFK, HP, PA, PBT, PC, PM, PP, PP/EPDM, PUR

**Leisten:**
ABS, GFK, HP, PA, PC, POM, PP, PP/EPDM, PUR

**Türschweller:**
GFK, PA, PP, PP/EPDM, PUR

**Tankklappe:**
PA

**Frontspoiler:**
ABS/PPO, GFK, HP, PA, PBT, PC, PP, PP/EPDM, PUR

**Radkappen:**
PA, PBT, PP, PP/EPDM, PUR

**Streuscheiben und -abdeckungen:**
PC, PMMA

**Bild 3.20**
Karosserie-Außenteile aus Kunststoff [2]

**Tabelle 3.1**
Einige Kunststofftypen

| Abkürzung | vollständige Bezeichnung |
|-----------|--------------------------|
| ABS | Acrylnitril-Butadien-Styrol (-Polymer) |
| EPDM | Ethylenpropylen-Dimer |
| GFK | Glasfaserverstärkter Kunststoff |
| HP | Honda-Mischpolymerisat |
| PA | Polyamid |
| PBTP | Polybutylenterephthalat |
| PC | Polycarbonat |
| PE | Polyethylen |
| PMMA | Polymethylmethacrylat |
| POM | Polyoximethylen, Polyformaldehyd, Polyacetal |
| PP | Polypropylen |
| PPO | Polyphenylenoxid |
| PUR | Polyurethan |
| PVC | Polyvinylchlorid |
| UF | Harnstoff-Formaldehyd (-Harz) |

## 3.2.5 Lösemittelempfindliche Kunststoffe (Tabelle 3.2)

**Tabelle 3.2**
Kunststoffe und ihre Verwendung

| Bezeichnung/Verwendung | Abkürzung |
|------------------------|-----------|
| Polystyrol (kompakt), Polystyrol (Thermoplast-schaumspritzguss) / Kfz-Innenteile | PS, PS (TSG) |
| Polyphenylenoxid / Radkappen, Kotflügel, Heckklappen, Armaturentafeln, Spiegelgehäuse | PPO-PS, PPO-PA |
| Acrylnitril-Butadien-Styrol / Kühlergrill, Schalter, Radkappen, Blenden, Zierleisten, Motorradverkleidungsteile | ABS |
| Polycarbonat / Stoßfänger, Radkastenverbreiterung/ Motorradhelme extrem lösemittelempfindlich | PC |

**Bild 3.21**
Neuteil, fertig lackiert, vor dem Einbau

### 3.2.6 Vorbereitung von Kunststoffoberflächen

**Neuteile** ohne Beschichtung werden in Formen und Pressen hergestellt. Den Kunststoffen wird ein Treibmittel beigegeben, damit sich das Material aufbläht und damit exakt an den Wandungen der Form anliegt. Um die Teile einwandfrei aus den Formen entnehmen zu können, werden sie mit Trennmitteln eingesprüht. Diese Trennmittel haften nach der Entnahme sehr stark an den Teilen, insbesondere bei PUR-Kunststoffen. Damit später keine Lackierschäden entstehen, müssen alle Trennmittel – meist Silikone und Wachse – zu 100% entfernt werden.

Beim **grundierten Teil** entfallen die aufwendige Reinigung und das Tempern (Bild 3.21).

### 3.2.7 Reinigung der Teile

Da Wachse besonders stark an der Kunststoffoberfläche haften, müssen die Teile mehrmals mit immer wieder erneuerten Reinigungstüchern und speziellen Kunststoffreinigern und Silikonentferner abgewaschen werden (Bild 3.22).

Das Reinigen sollte sich nicht nur auf die zu beschichtende Oberfläche beschränken, sondern auch die Kanten und Randbereiche der Innenflächen sollten gründlichst gesäubert werden.

**Bild 3.22**
Reinigung von Kunststoffteilen

### 3.2.8 Tempern

Nach dem Ablüften der Reinigungsmittel müssen die in den gepressten Teilen befindlichen Treibmittel restlos entfernt werden. Um die innere Spannung abzubauen und die Treibmittel und Gase zu entfernen, werden die Teile bei ca. 60 °C eine Stunde lang aufgeheizt. Besonders wichtig ist dies bei PUR-Kunststoffteilen. Anschließend muss das Teil nochmals – am besten mit Antistatik-Reiniger – entfettet werden, da sich viele Kunststoffe beim Reinigen elektrostatisch aufladen und dadurch Staub anziehen. Mit einem feinen Schleifpad kann die Reinigung unterstützt werden. Vor dem Entfettungstest sollte noch eine Reinigung mit Wasser erfolgen, da auch oft zusätzlich wasserlösliche Trennmittel eingesetzt werden.

## 3.2.9 Entfettungstest (Bild 3.23)

Nach dem Trocknen der Oberfläche werden auf die Fläche Wasser- oder Alkoholtropfen gegeben. Verläuft der Tropfen nicht, so war die Entfettung unvollständig.

## 3.2.10 Kunststoff-Recycling

Bei der *Verwertung von Kunststoffen* unterscheiden wir drei Möglichkeiten (Bild 3.24):

❏ Werkstoff-Recycling
Die gebrauchten Kunststoffe werden zu verarbeitungsfähigen Mahlgütern aufbereitet. Kunststoffteile werden sortenrein erfasst, gereinigt und zerkleinert. So können alte Stoßfänger, die aus Polypropylen (PP) bestehen, nach Aufbereitung zu Kleinteilen und Radschalen verarbeitet werden.

❏ Rohstoff-Recycling
Durch Einwirkung von Wärme werden die Polymerketten aufgespalten. Die entstehenden Monomere oder petrochemischen Grundstoffe (Öl) können für neue Kunststoffe eingesetzt werden. Das Rohstoffrecycling ist für vermischte und verschmutzte Altkunststoffe geeignet.

❏ Energetische Verwertung
Durch Verbrennung und gleichzeitiger Nutzung der Energie zur Stromerzeugung wird die in den Kunststoffen enthaltene Energie zum Teil zurückgewonnen.

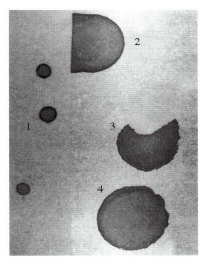

**Bild 3.23**
Als Test auf Fettfreiheit wird ein Wasser-/ Alkoholtropfen auf die Fläche gegeben. Verläuft dieser Tropfen nicht (1), so war die Entfettung unvollständig; breitet sich der Tropfen auf der Fläche (4) aus, so bestehen keine Bedenken, zu lackieren. Im hier abgebildeten Fall wurde das linke Drittel nicht entfettet. Man erkennt, wie die Ausbreitung des Tropfens an der nicht entfetteten Zone gestoppt wird (2). Selbst ein Fingerabdruck kann so erkannt werden (3). [6]

**Möglichkeiten der Kunststoffverwertung**

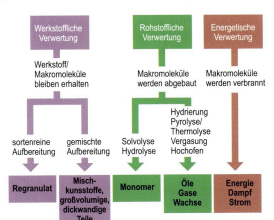

**Bild 3.24**

### 3.2.11 Recyclefähige Kunststoffteile beim Auto (Bild 3.25)

Automobilhersteller setzen bei der Wiederverwertung auf wiederaufbereitbare Kunststoffe. So werden zum Beispiel bei Mercedes-Benz ausrangierte Autobatterie-Gehäuse und beschädigte Stoßfänger im Rahmen des Mercedes-Recycling-Systems bei den Niederlassungen und Vertriebspartnern eingesammelt. 32 verschiedene Komponenten – von der Batterie über den Stoßfänger bis zur Bremsflüssigkeit – gelangen so in den Wiederaufbereitungsprozess.

**Bild 3.25**
Mercedes

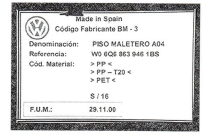

**Bild 3.26**
VW-Kennzeichnung von
Kunststoffteilen

### 3.2.12 Kennzeichnung von Kunststoffbauteilen

Seit 1997 wurde von den Automobilherstellern eine einheitliche Regelung zur Kennzeichnung von Werkstoffen vereinbart. Seitdem werden weltweit alle Bauteile aus Kunststoff ohne Gewichtsbeschränkung gekennzeichnet.

Einzige Voraussetzung für die Kennzeichnung ist, dass die Bauteile groß genug sind, um lesbare Kennzeichnung anzubringen. Im Jahr 2003 hat die EU-Kommission die Kennzeichnung von Kunststoffteilen nach DIN ISO 11 469 beschlossen (Bild 3.26).

## 3.2.13 Fachausdrücke

**Alloy** ▪ Kunststoffmischung, Legierung
**Blends** ▪ Kunststoffe verschiedener Zusammensetzung werden vermischt.
**BMC (Bulk Moulding Compound)** ▪ Polyesterharz, mit Kurzglasfasen versetzt und kreidegefüllt, wird unter hohem Druck und Wärme im Spritzgussverfahren verarbeitet.
**Copolymerisate** oder **Mischpolymerisate)** ▪ Mit unterschiedlichen Ausgangsstoffen hergestellter Kunststoff.
**Dispersion** ▪ Die feine Verteilung eines Stoffes in einem anderen Stoff, ohne dass er den anderen löst.
**Duroplaste (Duromere)** ▪ Kunststoffe, deren Makromoleküle nicht unverbunden nebeneinander liegen, sondern wie ein räumliches Netz miteinander verbunden sind.
**Elastomere** ▪ Kunststoff, der sich verformen lässt und wieder in die ursprüngliche Form bei Wegnahme der Verformungskraft zurückkehrt.
**Handlaminieren** ▪ Ein Verfahren zur Herstellung von Teilen aus glasfaserverstärktem Polyesterharz und Epoxidharz. (Herstellung von glasfaserverstärktem Kunststoff und bei Reparatur von Bauteilen)
**Integralschaum** ▪ Schäume mit glatter und geschlossener Oberfläche mit zelliger Struktur, aber relativ hohem Raumgewicht.
**Katalysatoren** ▪ Chemische Stoffe, die chemische Reaktionen beschleunigen, ohne selbst an diesen Reaktionen teilzunehmen. Katalysatoren spielen in der Kunststoffindustrie eine entscheidende Rolle.
**Lunkerstellen** ▪ Lufteinschlüsse in Kunststoffteilen. Bei der Wärmebehandlung (Tempern, eine Stunde in der Trockenkabine bei 60 °C) wandern die Einschlüsse an die Oberfläche und gasen aus.
**Monomere** ▪ Stoffe mit kleinen Molekülen, die nur eine begrenzte Anzahl von Atomen enthalten. Durch Polymerisation, Polyaddition oder Polykondensation werden sie zu Makromolekülen vereinigt, die Millionen von Atomen enthalten. Diese Kunststoffe werden als Polymere bezeichnet.
**Polyaddition, Polykondensation** ▪ Reaktionsmechanismus zur Herstellung der Kunststoffe, die auch als Polymere bezeichnet werden.
**RIM (Reaction Injection Moulding)** ▪ Ein Verfahren zur Herstellung von Kunststoffteilen (Reaktionsspritzguss).
**RRIM (Reinforced Injection Moulding)** ▪ Verbessertes RIM-Herstellungsverfahren.

**SMC (Sheet Moulding Compound)** ▪ Ein Verfahren, vergleichbar mit dem Handlaminieren. Die Formgebung erfolgt allerdings in Pressen, die die getränkten Polyesterharz-Matten unter Druck und Wärme aushärten lassen.

**Thermoplaste (Plastomere)** ▪ Kunststoffe, die aus langen Molekülketten bestehen, aber nicht miteinander verbunden sind. Sie schmelzen bei Erwärmung und werden spröde, sind quellbar und löslich durch entsprechende Lösemittel.

**Tempern** ▪ Teile werden bei 60 °C eine Stunde lang erwärmt, um Lufteinschlüsse (Lunkerstellen) an die Oberfläche zu bringen und Treibmittel, Gase und Spannungen abzubauen.

**Trennlacke** ▪ Polyvinylalkohol-Lösungen, die wie Trennmittel (Wachs- oder Silikonlösungen) an den Wandungen der Kunststoffformen angebracht werden, um die Kunststoffteile leichter von der Form trennen zu können. Trennlacke lassen sich nur mit Wasser entfernen.

**Trennmittel** ▪ Bestehen aus einer Lösung von Wachsen und Silikonen, die recht hartnäckig am Kunststoff haften. Sie werden benötigt, um die Kunststoffteile ohne Beschädigung aus der Form entnehmen zu können. Vor dem Lackieren müssen Trennmittel absolut restlos entfernt werden, um Haftungsstörungen zu vermeiden.

## Aufgaben

1. Warum werden beim Automobilbau immer mehr Kunststoffe eingesetzt?

2. Nennen Sie Anwendungsbereiche von Kunststoffen im Automobilbau.

3. Kunststoffe werden in verschiedene Arten unterteilt. Nennen Sie diese.

4. Welche Eigenschaften haben Duroplaste?

5. Was versteht man unter dem Begriff Blends?

6. Wo finden Polystyrolteile im Automobilbau Anwendung?

7. Was bedeutet das Kurzzeichen PUR?

8. Nennen Sie lösungsmittelempfindliche Kunststoffe.

9. Was muss bei der Vorbereitung von neuen Kunststoffteilen beachtet werden?

10. Was wird beim Tempern von Kunststoffteilen erreicht?

*11. Warum sollen beim Reinigen auch Antistatic-Tücher eingesetzt werden?*

*12. Wo werden Wachs- und Silikonlösungen bei der Kunststoffteileherstellung verwendet?*

*13. Beschreiben Sie kurz die Durchführung des Entfettungstests.*

*14. Nennen Sie drei Möglichkeiten für Kunststoffrecycling.*

*15. Welche Kunststoffteile müssen gekennzeichnet werden?*

*16. Für welchen Kunststoff wird die Kurzbezeichnung PP verwendet?*
   **(Eine Antwort ist richtig)**
   *a) Polyurethan,*
   *b) Polyphenylenoxid,*
   *c) Polypropylen,*
   *d) Polybutylenterephthalat.*

*17. Wie verhalten sich Thermoplaste bei Erwärmung?*
   *a) Sie werden spröder.*
   *b) Sie werden härter.*
   *c) Sie werden leicht verformbar.*
   *d) Sie lösen sich auf.*

*18. Wann spricht man bei einem Kunststoffuntergrund von einem Duroplast?*
   *a) Wenn der Kunststoff bei Temperaturerhöhung sich leichter verformen lässt.*
   *b) Wenn der Kunststoff bei Temperaturerhöhung sich nicht leichter verformen lässt.*
   *c) Wenn der Kunststoff sich durch Lösemittel anlösen lässt.*
   *d) Wenn der Kunststoff nach Erwärmung sich auflöst.*

*19. Wodurch kann es bei Kunststoffuntergründen zu Haftungsstörungen kommen?*
   *a) Durch zu niedrige Temperaturen beim Beschichten.*
   *b) Durch zu hohe Temperaturen beim Beschichten.*
   *c) Durch Trennmittelrückstände auf der Oberfläche.*
   *d) Durch Lösemittelrückstände.*

*20. Wie sollen Trennlacke von der Oberfläche entfernt werden?*
   *a) Mit Silikonentferner.*
   *b) Mit Wasser.*
   *c) Mit Lösemittel.*
   *d) Mit Wachsentferner.*

*21. Wie lässt sich die Kunststoffart eines Karosserieteiles ermitteln?*
   *a) Mit Hilfe der Herstellerinformation und der Kennzeichnung am Kunststoffteil.*
   *b) Mit Hilfe einer Beschichtungsprobe.*
   *c) Mit Hilfe von Benetzungsproben.*
   *d) Mit dem Verfärbungstest der Hersteller.*

*22. Bei welcher Temperatur und in welcher Zeit soll das Tempern durchgeführt werden?*
   *a) Bei 90 °C und 20 Minuten.*
   *b) Bei 30 °C und 120 Minuten.*
   *c) Bei 60 °C und 60 Minuten.*
   *d) Bei 60 °C und 20 Minuten.*

## 3.3  Holz

Holz als Rohstoff (Bild 3.27) wird in vielen Bereichen der Industrie verarbeitet. Für Konstruktionszwecke der Bauindustrie werden überwiegend Nadelhölzer wie Kiefer, Fichte, Tanne und Douglasie verwendet. Laubhölzer wie Eiche, Buche, Ahorn oder Nussbaum finden meist Anwendung in der Möbel- und Parkettindustrie.

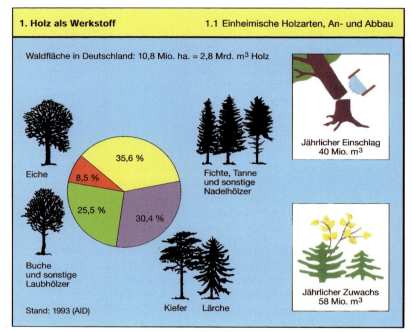

**Bild 3.27**
Holzaufbau [26]

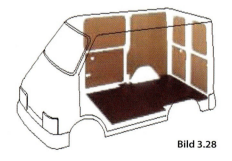

Bild 3.28

### 3.3.1  Holzwerkstoffe

Als Holzwerkstoffe bezeichnet man auf der Basis von Holz hergestellte Platten. Mechanisch zerkleinertes Holz wird dabei unter Verwendung von Bindemitteln wieder zusammengefügt. Anwendungsmöglichkeiten in der Fahrzeugindustrie zeigt Bild 3.28.

## 3.3.2 Platten für den Fahrzeugbau

Folgende *Holzwerkstoffplatten* werden auch im Fahrzeugbau eingesetzt (Bild 3.29):

❏ **Sperrholzplatten**

Furniersperrholz besteht aus mindestens drei kreuzweise miteinander verleimten Furnieren. Häufigste Kleber sind Harnstoffharz für die Verwendung im Innenausbau und Phenolharz für die Verwendung als Außensperrholz.

❏ **Spanplatten**

Holzspanplatten bestehen aus Holzspänen oder anderen holzartigen Faserstoffen, die mit einem Bindemittel unter Druck und Wärme verpresst werden. Spanplatten sind in folgende Werkstoffklassen eingeteilt:

– V 20 für Anwendungen in trockenen Räumen,
– V 100 für die Anwendungen mit kurzfristiger Feuchtebeanspruchung,
– V 100G-Spanplatte mit Pilzschutzmitteln.

❏ **OSB(Oriented Strand Board)-Platten**

Zunehmend werden als Unterboden diese Platten eingesetzt, da sie sehr biegesteif und formstabil sind. Zur Verlegung werden die einzelnen Platten untereinander verleimt und mit dem Unterboden verschraubt. Kreuzfugen sind nicht zulässig. Plattenstöße und Schraubenlöcher müssen verschraubt werden.

❏ **Schichtstoffplatten**

Dekorative Schichtpressstoffplatten (nach DIN abgekürzt **DKS** = **D**ekorativer **K**unststoff-**S**chichtpressstoff) bestehen aus einzelnen mit Kunstharzen getränkten Papieren. Diese Papiere werden mit Hitze und Druck in Pressen zusammengeschmolzen und verschweißt. Als Träger für den Kunststoff-Schichtpressstoff dienen Spanplatten.

❏ **Stirnwandplatten**

Stirnwandplatten aus spezialvergütetem Buchenhartholz sind eine wirtschaftliche Alternative zu Aluminium-Stirnwänden.

**Bild 3.29**
Anwendungsgebiete im Fahrzeugbau

**Bild 3.30**
Aufbauelemente bei Anhängern [27]

**Bild 3.31**
Holzbauplatten bei Fahrzeugaufbauten [27]

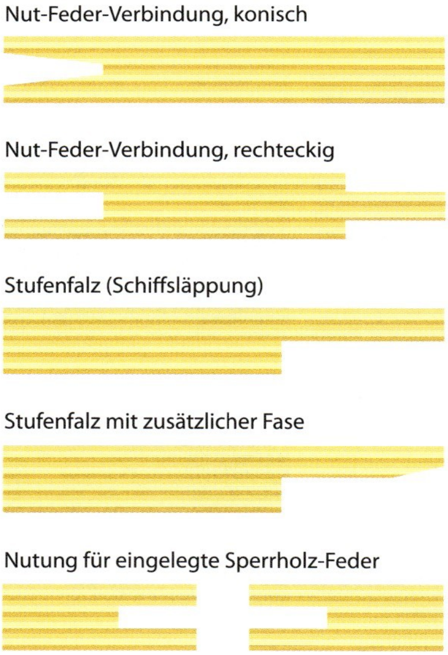

Nut-Feder-Verbindung, konisch

Nut-Feder-Verbindung, rechteckig

Stufenfalz (Schiffsläppung)

Stufenfalz mit zusätzlicher Fase

Nutung für eingelegte Sperrholz-Feder

**Bild 3.32**
Plattenverbindungen [27]

❑ **Spezialplatten**
– Schalldämmplatten mit einer Schwerfolieneinlage; Verwendung z. B. in ICE-Hochleistungszügen, als Wärmedämm-Elemente oder auch Sperrholz-Schaumkern-Verbundelemente.
– Sperrholzplatten, mit Aluminium oder verzinkten Stahlblech beschichtet.

Weiterhin werden Platten nach ihren *Einsatzmöglichkeiten* unterschieden:
❑ Platten mit rutschhemmender und verschleißfester Kunststoffbeschichtung auf der Plattenoberseite;
❑ Platten für Böden von Transportfahrzeugen und sonstigen Aufbauelementen mit beidseitiger glatter brauner Kunststoffbeschichtung (Bild 3.30). Diese Platten finden auch Anwendung als Zusatzboden für erhöhte Tragfähigkeit und zusätzliche Stabilität bei Punktbelastungen (Bild 3.31);
❑ unbeschichtete Platten zur Verwendung für Verpackungsabdeckungen;
❑ schwerentflammbare Platten für Schienenfahrzeuge und Sprengstofftransportfahrzeuge.

### 3.3.3 Plattenverbindungen

Je nach Plattendicke sind beim Einbau Plattenverbindungen gemäß Bild 3.32 möglich.

**Aufgaben**

1. Nennen Sie die Holzwerkstoffe, die im Fahrzeugbau eingesetzt werden.

2. Nennen Sie Anwendungsgebiete von Holzwerkstoffen im Fahrzeugbau.

3. Beschreiben Sie den Aufbau von Sperrholzplatten.

4. Wie sind Schichtstoffplatten aufgebaut?

5. Nennen Sie Einsatzgebiete von Spezialplatten.

6. Was bedeutet die Bezeichnung V 100 G?

# 4 Instandsetzung/ Instandhaltung

**4.1 Der Automobilbau und die geschichtliche Entwicklung** – 55

4.1.1 Entwicklungsgeschichte der Karosserieformen – 55

4.1.2 Entwicklung der Karosserieformen – 57

4.1.3 Systematik der Straßenfahrzeuge – 58

4.1.4 Maße und Gewichte an Straßenfahrzeugen – 62

**4.2 Schäden an Fahrzeugbauteilen** – 64

4.2.1 Allgemeine Benennung von Karosserieteilen – 64

4.2.2 Schadensaufnahme – 66

4.2.3 Sichtprüfung – 66

4.2.4 Spaltmaßabweichung – 67

4.2.5 Versteckte Schäden – 67

4.2.6 Karosserieknotenpunkte – 67

4.2.7 Ermittlung des Schadensumfanges – 67

4.2.8 Festlegung des Reparaturweges – 68

**4.3 Demontage und Montage von Fahrzeugteilen, Ersatzteil- ermittlung, Zubehörteile und Profile, Spaltmaße, Prüftechnik** – 70

4.3.1 Vorbereitung – 70

4.3.2 Fahrzeughebebühnen – 70

4.3.3 Unfallgefahren bei der Verwendung von Fahrzeughebebühnen – 71

4.3.4 Montage von Fahrzeugteilen – 71

4.3.5 Montage und Demontage von Rädern – 73

**4.4 Rückverformen beschädigter Karosserieteile** – 75

4.4.1 Ausbeultechniken – 75

4.4.2 Ausbeulmethoden – 76

4.4.3 Ausbeulwerkzeuge und ihre Wirkung – 77

4.4.4 Zughammerverfahren – 78

4.4.5 Airpuller – 78

4.4.6 Verzinnen von Karosserieblech – 79

4.4.7 Methoden, Materialien und Bedingungen zur Reparatur von Kunststoffen – 80

**4.5 Entschichtungstechniken, Schleifsysteme, Werkzeuge, Geräte, Schleifmittel** – 83

4.5.1 Schleifen – 83

4.5.2 Schleifmittel – 83

4.5.3 Nassschliff – 88

4.5.4 Trockenschliff – 88

4.5.5 Vergleich Trockenschliff zu Nassschliff – 88

4.5.6 Schleifvlies – Schleifpad – 89

4.5.7 Schleifwerkzeuge – 90

4.5.8 Schleifstaubabsaugung – 92

4.5.9 Lackentfernung – 93

**4.6 Glasarbeiten** – 94

4.6.1 Autoscheiben – 94

4.6.2 Verbundglasscheiben – 94

4.6.3 Schutz bei Steinschlagschäden – 94

4.6.4 Wärmeschutz-Verglasung – 95

4.6.5 Schäden an Verbundglasscheiben – 95

4.6.6 Austrennen und Einkleben von Autoscheiben – 97

4.6.7 Einbau einer zu verklebenden Autoscheibe – 98

4.6.8 Scheibenreinigung – 100

# 4.1 Der Automobilbau und die geschichtliche Entwicklung

Die Geschichte des Automobilbaus begann vor der Erfindung des Automobils durch KARL BENZ 1886 (Bild 4.1) mit der Entwicklung des Dampfkraftwagens von JOSEPH CUGNOT 1770.

Im 19. Jahrhundert wurden neue Karosserieformen entwickelt, die ihren Ursprung nicht mehr in der Form von Kutschen hatten. 1905 stellte HENRY FORD das Modell T vor ~~onstruktion war für die Massenproduktion~~ ~~bereits 1927 waren 15 Millionen des Modells~~ ~~den. In den kommenden Jahren wurden bei~~ ~~es Automobils sehr große Fortschritte erzielt.~~ ~~ieformen wurden von zwei Kunstrichtungen~~ ~~Die Formen des Jugendstils kam der Dynamik~~ ~~obils entgegen (Bild 4.3). Es wurden die flie-~~ ~~nien der Kotflügel sowie Trittbretter in Keilform~~ ~~men. Dem Jugendstil wurden Anfang der 20er~~ ~~klaren geometrischen Formen des Kubismus ge-~~ ~~bergestellt. 1936 wurde der Opel Olympia mit selbst-~~ tragender Karosserie gebaut. Nach der Entwicklung der selbsttragenden Bauweise kam die Weiterentwicklung der Karosserieformen.

## 4.1.1 Entwicklungsgeschichte der Karosserieformen (Bild 4.4)

Den Anfang der Automobilentwicklung bestimmen die Karosserieform-Nachbildungen der Kutsche zur Kabine. Ab 1920 wird die Kabinenform unter dem Einfluss der Kotflügelform zur Air-flow-Kabinenform und Air-flow-Form. In den 30er Jahren gewinnt die Stromform an Bedeutung. Die Kotflügel werden in die Gesamtform mit einbezogen. Durch die Einführung der Ponton-Bauweise verschwindet der Kotflügel wieder. Die Kotflügel der 30er Jahre werden durch die aufgesetzten Heckflügel überbetont. Unter dem Einfluss italienischer Designer wird aus der Streamline-Form Ende der 50er Jahre bis Ende der 60er Jahre die Trapezform und später die Kotflügelform Slimline mit der Einbuchtung der Kotflügel im hinteren Bereich entwickelt. Das von Kamm entwickelte Stumpfheck ist Merkmal der 70er Jahre. Keilform und die Suche nach den strömungsgünstigsten Formen bestimmen die 80er und 90er Jahre.

**Bild 4.1**
Eine mit Motor ausgestattete Pferdekutsche [10]

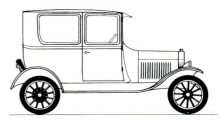

**Bild 4.2**
Ford T [4]

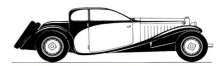

**Bild 4.3**
Adler-Automobil [4]

10er                    20er                    30er

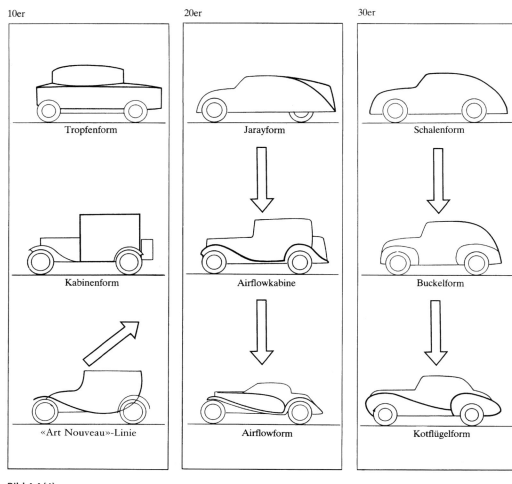

Bild 4.4 [4]

## 4.1.2 Entwicklung der Karosserieformen (Bild 4.5)

50er

60er

70er

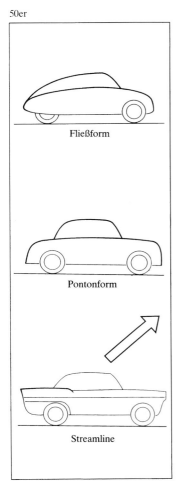

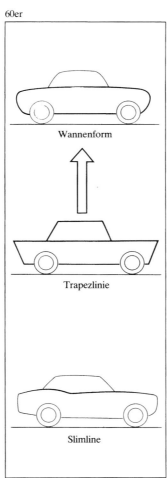

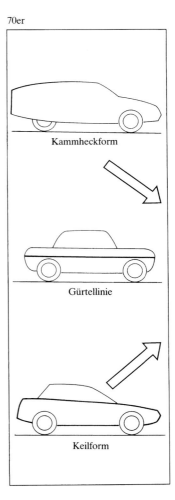

80er und 90er

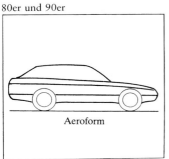

**Bild 4.5** [4]

## 4.1.3 Systematik der Straßenfahrzeuge

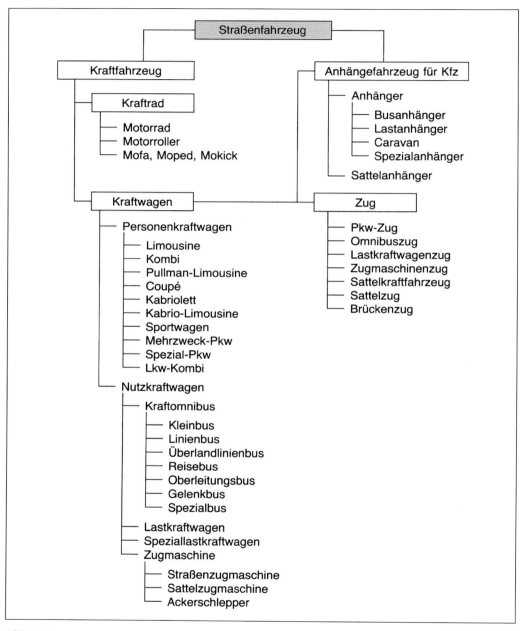

**Bild 4.6** [4]

*In der DIN 70 010 ist die «Systematik der Straßenfahrzeuge» festgelegt.*

## Kraftwagen
Die größte Gruppe in der Systematik der Straßenfahrzeuge sind Kraftwagen, die zwei- oder mehrspurig gebaut sind.

## Personenkraftwagen
Personenkraftwagen sind Fahrzeuge, die zum Transport von Personen (höchstens 9 einschließlich Fahrer beim Kombi oder Kleinbus), Gepäck und Gütern bestimmt sind. Diese mehrspurigen Kraftwagen dürfen auch Anhänger ziehen. Sie werden nach der Art ihrer Karosserie unterschieden (Bild 4.7).

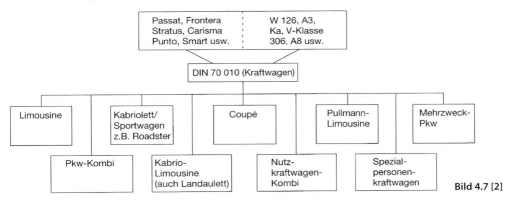

Bild 4.7 [2]

*Limousine* (Bilder 4.8 und 4.9)
Merkmal ist der geschlossene Aufbau mit festem Dach (Schiebedach ist möglich). Die Anzahl der Türen ist zwei

**Bild 4.8a**
Limousine BMW 540i mit 8-Zylinder-Motor M62 [9]

**Bild 4.8b**
Limousine mit Heckklappe. Der Audi A3 gehört zur Generation der Kompakt-Limousinen. [8]

**Bild 4.9**
Die Großraumlimousine Renault Espace
zählt zu den Nutzkraftwagen/Kombi [11]

**Bild 4.10**
Kombiwagen bzw. Kombilimousine,
BMW-3er-Serie [9]

oder vier, eventuell eine zusätzliche Heckklappe. Der Heckabschluss kann als Stufenheck, Fließheck, Schrägheck oder Steilheck gestaltet sein. Dieser Pkw hat vier oder mehr Seitenfenster mit feststehenden Rahmen. Die Fenster können voll oder teilweise ausstellbar, versenkbar oder fest sein. Vier oder mehr Sitze sorgen für die Sitzgelegenheiten, wobei die hinteren umklappbar oder sogar ausbaubar sein können. Die gewonnene Fläche ist als Ladefläche nutzbar. Immer beliebter werden die Großraumlimousinen. Sie haben leistungsstarke Motoren und bieten Platz für 8 Personen und reichlich Gepäck.

*Kombilimousine* (Bild 4.10)
Es gelten die gleichen Merkmale wie bei der Limousine. Um eine größere Zulademöglichkeit zu erreichen, ist der Innenraum im Vergleich zu den Limousinen gleicher Bauart vergrößert worden. Die hinteren Sitze sind klapp- oder herausnehmbar. Zur verbesserten Ladefähigkeit ist eine Heckraumklappe oder -tür vorhanden.

*Kabriolett* (Cabriolet) (Bild 4.11)
Das Dach beim Kabriolett muss zurücklegbar und die Fenster müssen versenkbar sein. Ausgestattet ist es mit zwei oder mehreren Sitzen in einer Reihe oder zwei Reihen. Ein Überrollbügel ist möglich und ändert nichts an der Eingruppierung.

*Kabrio-Limousine* (Bild 4.12)
Die Merkmale entsprechen dem Kabriolett, die Seitenumrandung ist jedoch feststehend. Es sind vier oder mehr Sitze in zwei Sitzreihen vorhanden.

**Bild 4.11**
Kabriolett, BMW-3er-Serie [2]

**Bild 4.12**
Kabrio-Limousine, Citroën 2 CV (Ente) [12]

*Roadster* (Sportwagen (Bild 4.13)
So bezeichnet man einen Pkw mit geschlossenem oder offenem Aufbau, dessen Verdeck zurückklappbar sein kann oder der ein auf- und absetzbares Dach aus festem Werkstoff (Hardtop) hat. Sportwagen, die in der Mitte einen Überrollbügel besitzen, werden als Targa bezeichnet.

**Bild 4.13**
Roadster Mazda MX-5 [13]

*Coupé* (Bild 4.14)
Die Basis des Coupés ist meistens die Limousine aus derselben Baureihe. Es hat einen geschlossenen Aufbau mit festem Dach und gegenüber der Limousine einen kleineren Innenraum. Die Kopfhöhe der Fahrgäste auf den Rücksitzen ist durch das nach hinten flacher werdende Dach verringert.

**Bild 4.14**
Coupé Daimler-Benz-134er-Serie [14]

*Pullman-Limousine* (Bild 4.15)
Diese Limousine hat einen großen Fahrgastraum mit vier oder mehr Seitentüren und sechs und mehr Seitenfenstern. In mindestens zwei Sitzreihen sind vier oder mehr Sitze angeordnet. Diese Fahrzeuge werden als Repräsentationsfahrzeuge oder Taxi eingesetzt.

**Bild 4.15**
Pullman-Limousine Mercedes-Benz-
S-Klasse als sog. «Sonderschutz-Fahrzeuge»,
alte und neue Ausführung [2]

**Mehrzweck-Pkw** (Geländewagen; Bild 4.16)
Mit dem Komfort einer Limousine werden heute diese Fahrzeuge angeboten. Sie sind meistens mit Allrad ausgestattet, haben robuste Achsen und stabile Fahrwerksrahmen. Sie werden auch in einer kleineren Ausführung mit vermindertem Innenraum angeboten.

**Bild 4.16**
Mehrzweck-Pkw bzw. Geländewagen
Opel Frontera [15]

**Spezial-Personenkraftwagen** (Bild 4.17)
Es handelt sich hier um einen Pkw mit besonderen Einrichtungen, z. B. Krankenwagen, Rettungswagen, Behindertenfahrzeuge oder Werkstattwagen.

**Bild 4.17**
Opel Combo [2]

**Bild 4.18**

**Bild 4.19**

**Anhängerfahrzeuge**

Anhängerfahrzeuge haben keinen eigenen Antrieb und werden von Kraftfahrzeugen gezogen. Wir unterscheiden:

❑ Anhänger (Bild 4.18)
❑ und Sattelanhänger (Bild 4.19).

Anhänger dürfen mit ihrem Gewicht das ziehende Fahrzeug nicht wesentlich belasten. Bei den Anhängern wird folgende *Unterteilung* vorgenommen:

❑ Busanhänger (nur für den Personentransport),
❑ Lastanhänger (Lkw-Anhänger),
❑ Caravan (für Wohnzwecke),
❑ Spezialanhänger (Aufbau und Einrichtung ähnlich eines Spezial-Lkws, z.B. für Notstromaggregate, Fahrzeuge der Feuerwehr und des Technischen Hilfswerkes).

*Sattelanhänger*
Sattelanhänger sind zum Aufsatteln auf eine Sattelzugmaschine bestimmt. Die Sattelzugmaschine trägt einen wesentlichen Teil des Anhängergewichtes. Wir unterscheiden folgende *Bauformen*:

❑ Bussattelanhänger,
❑ Lastsattelanhänger,
❑ Spezialsattelanhänger.

*Sattelzüge*
Sattelzüge setzen sich aus einem oder mehreren Anhängerfahrzeugen zusammen.

Sie werden nach dem ziehenden Kraftfahrzeug z.B. Omnibuszug, Lkw-Zug, Sattelzug benannt.

### 4.1.4 Maße und Gewichte an Straßenfahrzeugen

Nicht nur die Bezeichnungen der Fahrzeugarten und -typen sind genormt, sondern auch alle Begriffe für Maße und Gewicht am Fahrzeug (Bild 4.20). Die wichtigsten Begriffe sind Fahrzeuglänge ($L$), Fahrzeugbreite ($B$), Fahrzeughöhe ($H$), Radabstand ($R$), Spurweite ($S$), vordere, hintere Überlänge ($Ü$), Bodenfreiheit ($F$), vorderer, hinte-

rer Überhangswinkel (α), kleinster Wendekreisdurch-
messer, Leergewicht in kg, zulässiges Gesamtgewicht in
kg, Nutzlast in kg, Achslast in kg, Anhängerlast in kg,
Dachlast in kg.

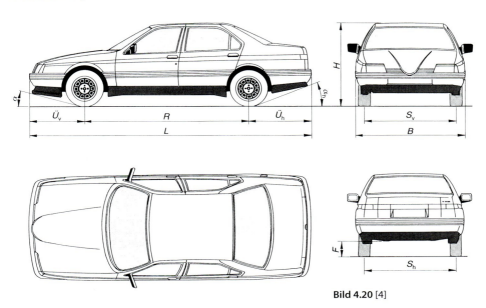

**Bild 4.20** [4]

## Aufgaben

1. Welche Formen hatten am Anfang der Entwicklung des Automobilbaus die Karosserien?

2. Welche zwei Kunstrichtungen beeinflussten den Karosseriebau?

3. Welche Kunstrichtung kam der Dynamik des Automobils entgegen?

4. Welches Merkmal kennzeichnet die Ponton-Bauweise?

5. Bezeichnen Sie die abgebildeten Karosserieformen.

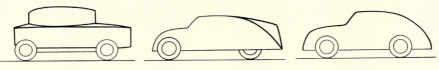

**Bild A.1** [4]

6. In der DIN 70 010 ist die Systematik der Straßenfahrzeuge festgelegt. Die Norm teilt zunächst die Straßenfahrzeuge in Hauptgruppen ein. Nennen Sie diese Gruppen.

7. Welches ist die größte Gruppe in der Systematik der Straßenfahrzeuge?

8. Nennen Sie die Merkmale der Limousine.

9. Wie werden Sportwagen, die in der Mitte einen Überrollbügel haben, genannt?

10. Beschreiben Sie in Stichworten den Roadster.

11. Die Basis des Coupés ist meistens die Limousine. Welche Unterschiede gegenüber der Limousine weist es auf?

12. Wie nennt man eine Limousine mit vergrößertem Fahrgastraum und mit vier und mehr Seitentüren?

## 4.2 Schäden an Fahrzeugbauteilen

### 4.2.1 Allgemeine Benennung von Karosserieteilen (Bild 4.21)

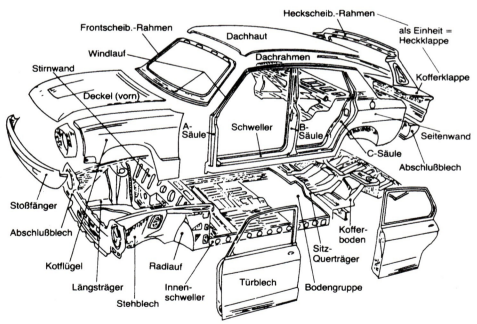

**Bild 4.21**
Allgemeine Benennung von Karosserieteilen [2]

## Positionsbezeichnungen für Karosserieteile bei Verwendung von Branchenprogrammen zur Abrechnung (Bild 4.22)

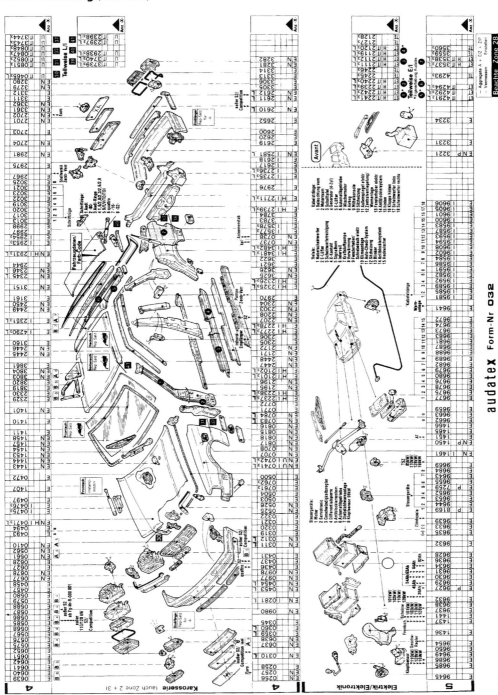

**Bild 4.22**
Beispiele für Instandsetzungsvorgaben auf dem EDV-Typenbogen [2]

## 4.2.2 Schadensaufnahme (Bild 4.23)

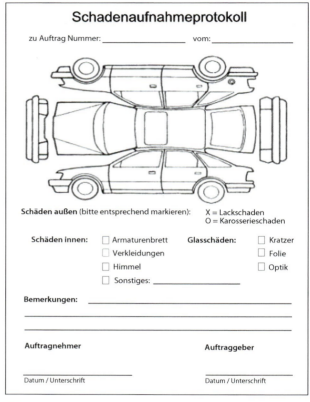

**Schadenaufnahmeprotokoll**

zu Auftrag Nummer: _____ vom: _____

**Schäden außen** (bitte entsprechend markieren):     X = Lackschaden
                                                                    O = Karosserieschaden

**Schäden innen:**     ☐ Armaturenbrett     **Glasschäden:**     ☐ Kratzer
                                ☐ Verkleidungen                                      ☐ Folie
                                ☐ Himmel                                                  ☐ Optik
                                ☐ Sonstiges: _____

**Bemerkungen:** _____
_____
_____

**Auftragnehmer**                                        **Auftraggeber**

_____                    _____
Datum / Unterschrift                                  Datum / Unterschrift

**Bild 4.23**
Schadensaufnahmeprotokoll

Mit einem Rundgang um das Fahrzeug ist das Ausmaß des Schadens durch eine erste Sichtprüfung erkennbar.

Ist das Fahrzeug schwer beschädigt, muss es auf eine Hebebühne genommen werden, um Schäden in der Bodengruppe feststellen zu können.

## 4.2.3 Sichtprüfung (Bild 4.24)

Folgende *Schäden* sind durch eine Sichtprüfung erkennbar:
☐ Spaltmaßabweichung,
☐ Dellen,
☐ lose Stoßfänger,
☐ Glasschäden,
☐ Lackschäden.

**Bild 4.24**
Sichtprüfung: Heckschaden an einem Suzuki Baleno [1]

## 4.2.4 Spaltmaßabweichung (Bild 4.25)

Bei der Sichtprüfung sind die Spaltmaße von Türen, Kotflügel, Motorhaube Kofferraumdeckel, Schiebedach usw. zu überprüfen. Unfallbedingte Verzüge von Spaltmaßen zeigen sich durch Lackabplatzungen an den Kanten, aufgeplatzte oder abgelöste Abdichtungen, Blechverformungen, geänderte Positionen der Gummiabdichtungen. Es sollten auch die Befestigungspunkte von Motor, Getriebe, Achsen auf Positionsveränderungen und Beschädigung überprüft werden.

**Bild 4.25**
Spaltmaß [2]

## 4.2.5 Versteckte Schäden

Die nicht von außen erkennbaren Schäden müssen beachtet werden. Folgendes sollte *überprüft* werden:
- ❑ Schraubenverbindungen,
- ❑ Schweißverbindungen,
- ❑ Leuchtenfassungen,
- ❑ Kofferraumboden,
- ❑ Reserveradmulde,
- ❑ Funktionstüchtigkeit der Elektroanlage,
- ❑ Sitzgestelle,
- ❑ Sicherheitsgurte,
- ❑ Karosserieknotenpunkte.

## 4.2.6 Karosserieknotenpunkte

An der A- (vorn), B- (Mitte) und C-Säule (hinten) befinden sich Punktschweißverbindungen. Treten dort Beschädigungen auf, müssen alle damit verbundenen Karosserieteile überprüft werden (Bild 4.26).

## 4.2.7 Ermittlung des Schadensumfanges

Um den Schadensumfang zu ermitteln und eine Vorkalkulation zu erstellen, muss der Instandsetzungsweg festgelegt werden.

Sichtprüfung
Karosserieknotenpunkte und Sollknickstellen

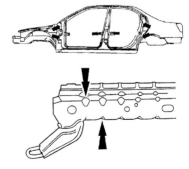

**Bild 4.26**
Karosserieknotenpunkte

**Bild 4.27**
Frontschaden an einem Fiat Barchetta [1]

## Schadensaufnahmeprotokoll am Beispiel eines Frontschadens (Bild 4.27)

Folgende *Fahrzeugteile* werden nacheinander betrachtet:

- ❑ Kennzeichen,
- ❑ Kennzeichenunterlage,
- ❑ Stoßfänger,
- ❑ Blinker links/rechts,
- ❑ Scheinwerfer links/rechts,
- ❑ Glühlampen links/rechts,
- ❑ Kühlergrill,
- ❑ Frontblech oben/unten,
- ❑ Scheinwerferaufnahmen links/rechts,
- ❑ Kotflügel links/rechts,
- ❑ Radhaus links/rechts,
- ❑ vorderer Längsträger links/rechts usw.

Folgende *Abkürzungen* werden zur Benennung des Reparaturweges verwendet:

| | |
|---|---|
| E | Erneuern/Ersetzen |
| ET | Erneuern teilweise (Abschnittsreparatur) |
| I | Instandsetzen |
| IT | Instandsetzen teilweise |
| N | Nebenarbeit (aus-/einbauen, ohne zu erneuern oder instand zu setzen) |
| P | Prüfen |
| V | Vermessen (genaue Bestimmung, Achs- oder Karosserievermessung erforderlich) |
| L | Lackieren (nur Oberflächenlackierung) |
| LI | Lackierung instand gesetzter Teile |
| LE | Lackierung Erneuerungsteile |
| U | Unterbodenschutz |
| H | Hohlraumversiegelung |

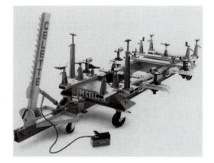

**Bild 4.28**
Richtbank mit variablem Richtwinkelsatz [16]

## 4.2.8 Festlegung des Reparaturweges

Bei kleineren Deformationen sollte das Instandsetzen dem Erneuern immer vorgezogen werden. Ist ein Neuersatz wirtschaftlicher, wird er auch durchgeführt. Das ist häufig der Fall bei Schraubteilen wie Hauben, Deckeln und Türen. Rückverformungen im Trägerbereich sollen nur mit der Richtbank (Bild 4.28) vorgenommen werden. Bei Aufprallschäden ist vor der Karosserievermessung die Achsvermessung (Sturzwerte) (Bild 4.29) durchzuführen. Nach dem Rückformen folgen Glätten der Vertiefungen und als Abschluss die Endkontrolle der Karosseriereparatur, bevor der Korrosionsschutz wiederhergestellt wird.

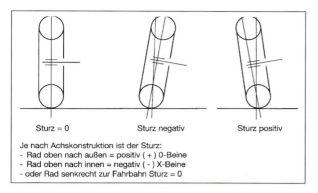

Sturz = 0      Sturz negativ      Sturz positiv

Je nach Achskonstruktion ist der Sturz:
- Rad oben nach außen = positiv ( + ) 0-Beine
- Rad oben nach innen = negativ ( - ) X-Beine
- oder Rad senkrecht zur Fahrbahn Sturz = 0

**Bild 4.29**
Als Sturz wird die Neigung der Radebene quer zur Fahrzeuglängsachse bezeichnet.

**Aufgaben**

1. Bezeichnen Sie folgende Karosserieteile:

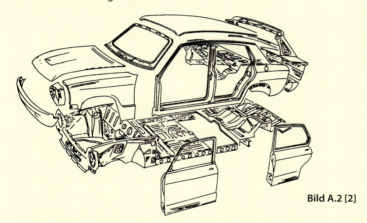

**Bild A.2 [2]**

2. Welche Schäden an einem Unfallfahrzeug sind durch die Sichtprüfung erkennbar?

3. Welche Teile der Karosserie müssen auf versteckte Schäden überprüft werden?

4. An welchen Karosserieknotenpunkten befinden sich Punktschweißverbindungen?

5. Welche Teile sollen bei einem Schadensprotokoll für einen Frontschaden nacheinander betrachtet werden?

6. Was bedeuten folgende Abkürzungen:
E, IT, LI, ET, N?

7. Wie erkennen Sie unfallbedingte Verzüge an der Karosserie?

8. Mit welchem Gerät müssen Rückverformungen im Trägerbereich durchgeführt werden?

## 4.3 Demontage und Montage von Fahrzeugteilen
### (Bild 4.30)

**Bild 4.30**
Demontierte Teile werden sorgfältig registriert. [2]

### 4.3.1 Vorbereitung

Müssen Bauteile demontiert oder montiert werden, ist die Vorbereitung entscheidend. Die Zeit und die damit verbundenen Kosten sind so gering wie möglich zu halten. Werkstatthandbücher mit Montagebildern der jeweiligen Fahrzeugtypen erleichtern das Zurechtfinden am Fahrzeug. Folgende *Arbeitsschritte* sollten beachtet werden:
- ❑ Fahrzeug reinigen,
- ❑ Arbeitsplatz einrichten,
- ❑ notwendige Werkzeuge bereitstellen,
- ❑ demontierte Teile kennzeichnen und lagern,
- ❑ Unfallverhütungsvorschriften beachten.

**Bild 4.31**
Kurzhub-Hebebühne [2]

### 4.3.2 Fahrzeughebebühnen (Bild 4.31)

Um Instandsetzungsarbeiten durchführen zu können, werden häufig Fahrzeughebebühnen eingesetzt. Die gebräuchlichsten Formen sind Einstempel-Hebebühnen,

Zweisäulen- und Viersäulen-Hebebühnen. Mit der Bedienung von Hebebühnen dürfen nur Personen beschäftigt werden, die das 18. Lebensjahr vollendet haben und in der Bedienung unterwiesen sind (Bild 4.32). Sie müssen vom Unternehmer ausdrücklich mit der Bedienung der Hebebühne beauftragt sein.

### 4.3.3 Unfallgefahren bei der Verwendung von Fahrzeughebebühnen

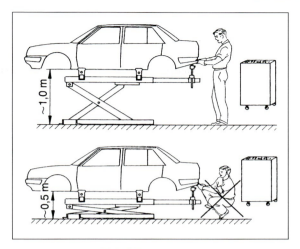

**Bild 4.32**
Die richtige Arbeitshöhe kann zwischen 0,5 m und 1 m variabel gewählt werden. [17]

❑ unbeabsichtigtes Absinken,
❑ Quetschen zwischen den Teilen der Hebebühne, dem Fußboden und zwischen bewegten und gesicherten Teilen,
❑ Herunterreißen des Fahrzeuges bei Arbeiten mit großem Kraftaufwand,
❑ abgenutzte Gummiauflagen der Aufnahmeteller,
❑ Verwendung ungeeigneter Unterlegklötze,
❑ Aufnahme des Fahrzeuges an nicht vom Hersteller bestimmten Aufnahmepunkten,
❑ Undichtigkeiten oder zu geringe Ölmenge im Hydrauliksystem,
❑ unzureichender Abstand der Tragarme vom Fußboden.

### 4.3.4 Montage von Fahrzeugteilen

**Anleitung am Beispiel einer Tür** (Bild 4.33)

*Bei der Montage oder Demontage von Fahrzeugteilen sind Handbücher (Bild 4.34) und CD der Hersteller mit entsprechenden Angaben zu den Werkzeugen und der Reihenfolge der Vorgangsweise zu verwenden.*

**Bild 4.33**
Ausgebaute Autotür

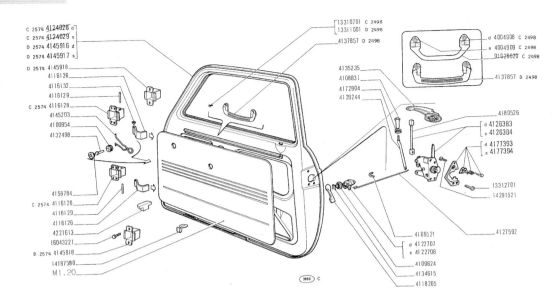

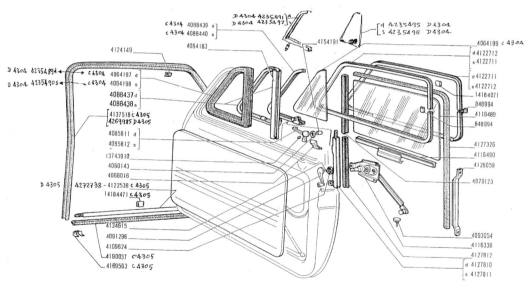

**Bild 4.34**
Arbeitsanweisungen aus einem Handbuch [32]

### 4.3.5 Montage und Demontage von Rädern

**Felgen**

Die Felgen von Rädern für Fahrzeuge sind aus Stahlblech (Bild 4.35) oder Leichtmetall. (Bild 4.36). Bei der Demontage von Rädern ist auf Schäden der Felgen oder Reifen zu achten.

**Reifen**

Die Reifen stellen die Verbindung des Fahrzeuges zur Straße her.

**Bild 4.35**
Stahlblechfelge, stark korrodiert

> **!** ● *Weisen Reifen Schäden auf, müssen sie aus Sicherheitsgründen sofort ausgetauscht werden. Für Reifen und Räder muss eine Betriebserlaubnis vorliegen und sie müssen für das jeweilige Fahrzeug zugelassen sein.*

Wir unterscheiden folgende *Reifenarten*:
- ❑ Radialreifen (Gürtelreifen),
- ❑ Diagonalreifen,
- ❑ Ultraleicht-Reifen.

*Reifenkennzeichnung*

Durch die Reifenkennzeichnung (Bild 4.37) wird sichergestellt, dass die für das Fahrzeug zugelassenen Reifen verwendet werden.

**Bild 4.36**
Leichtmetallfelge

185 Reifenbreite in mm (= 185 mm)
/65 Verhältnis Höhe:Breite 65%
R Radial-Bauart
14 Felgendurchmesser in Zoll (14")
86 Tragfähigkeits-Kennzahl
T Kennzeichnung für die zulässige Höchstgeschwindigkeit (190 km/h)

Die Fertigungswoche, das Fertigungsjahr und damit das Alter des Reifens gehen aus der Beschriftung hervor, die mit den Buchstaben «DOT» beginnt. Seit 2000 ist die DOT-Nummer vierstellig anzugeben; die beiden ersten Ziffern geben dabei wiederum die Produktionswoche an, die letzten beiden Ziffern das Produktionsjahr. 0100 bedeutet dementsprechend z.B., dass der Reifen in der 1. Kalenderwoche 2000 hergestellt wurde. Winter- und Ganzjahresreifen sind zusätzlich noch durch die Bezeichnung «M+S» gekennzeichnet. Runderneuerte Reifen müssen entsprechend mit der Aufschrift «runder-

**Bild 4.37**
Reifenkennzeichnung

neuert», «retread» oder «retreaded» gekennzeichnet sein. Das Erneuerungsdatum ist analog dem Herstellungsdatum anzugeben.

**Montage von Rädern**

Vor der Montage von Rädern sind der Luftdruck der Reifen und die Dichtigkeit der Ventile zu prüfen. Da sich die Masse der Reifen nie gleichmäßig auf den Umfang verteilt, ist ein Auswuchten bei Reifenwechsel nötig. Bei der Montage der Reifen an das Fahrzeug sollte das Anziehen der Schrauben mit einem Drehmomentschlüssel erfolgen bzw. die Festigkeit damit überprüft werden.

**Aufgaben**

1. *Nennen Sie die Arbeitsschritte der Vorbereitungsarbeiten bei Demontage und Montagearbeiten.*

2. *Ab welchem Lebensalter dürfen Personen Hebebühnen nach den Vorschriften der Berufsgenossenschaft bedienen?*

3. *Nennen Sie Unfallgefahren bei der Verwendung von Hebebühnen.*

4. *Was bedeutet folgende Bezeichnung auf Reifen: 195-620-R-14-90-H?*

5. *Wie sind Winter- und Ganzjahresreifen noch bezeichnet?*

6. *Was muss bei der Montage bei Rädern beachtet werden?*

# 4.4 Rückverformen beschädigter Karosserieteile

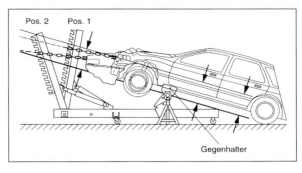

**Bild 4.38**
Zug- und Gegenhalter [2]

Großflächiges Rückverformen beschädigter Fahrzeuge, z. B. Frontalunfall, erfolgt durch Zug- und Gegenhalter (Bild 4.38).

## 4.4.1 Ausbeultechniken

Nach Feststellung des Schadensumfanges muss die entsprechende Technik ausgewählt werden. Ist die Rückseite der Schadensstelle zugänglich, bieten sich zwei *Verfahren* an:
- ❑ reines Hebelsystem,
- ❑ MAGLOC.

**Reines Hebelsystem**
Beim reinen Hebelsystem werden speziell geformte, zum Teil über 1 m lange, dünne Rundstähle, deren Enden meist abgeflacht sind, eingesetzt (Bild 4.39); so können Karosserieteile durch Hohlräume hindurch erreicht werden.

Leider ist dies nicht immer möglich. Die Einbeulungen dürfen einen Durchmesser von 40 bis 50 mm und eine Tiefe von 3 mm nicht überschreiten. Auch Materialverstärkungen in unmittelbarer Nähe der Beule vereiteln diesen günstigen Reparaturweg.

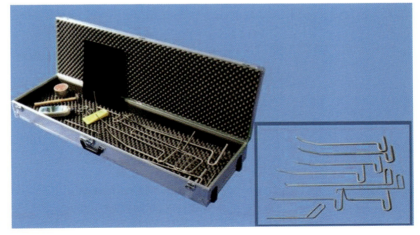

**Bild 4.39**
Hebelwerkzeuge

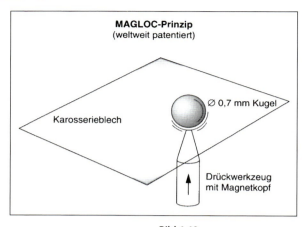

**Bild 4.40**
Prinzip der Druckspitzenortung
bei MAGLOC [2]

**MAGLOC-Verfahren**

Bei Hagelschäden oder sonstigen kleinen Dellen wird das MAGLOC-Verfahren angewendet (Bild 4.40). MAGLOC ist die Abkürzung für *magnetic location* = magnetische Ortung. Eine magnetische Stahlkugel wird außen auf die zu reparierende Delle aufgesetzt. Die Spitze des Drückerwerkzeuges ist magnetisch und hält die Stahlkugel auf der Reparaturstelle fest. Der Druckbolzen (Bild 4.41) wird unterhalb der Delle abgestützt. Die Delle wird nicht herausgeschlagen, sondern herausgedrückt.

Das MAGLOC-Verfahren kann nur kostengünstig angewendet werden, wenn eine anschließende Lackierung nicht mehr notwendig wird.

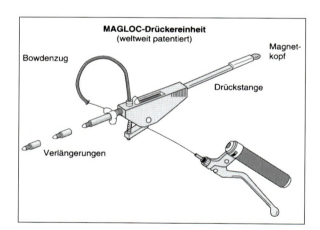

**Bild 4.41**
Drückereinheit bei MAGLOC [2]

👍 **Tipp**

*Zur Kontrolle, ob die Delle herausgedrückt wurde, kann mit einer Neonröhre die Blechoberfläche beleuchtet werden. Es entsteht ein schmaler Lichtstreifen. Wird das Licht kontinuierlich reflektiert, ist die Delle entfernt. Ist im Lichtstreifen ein Ausbauchung vorhanden, muss nachgearbeitet werden.*

### 4.4.2 Ausbeulmethoden

Größere Dellen am Fahrzeug können durch folgende *Ausbeulmethoden* instand gesetzt werden:
- ❑ Hammer und Gegenhalter,
- ❑ Zughammer-Verfahren,
- ❑ Airpuller,
- ❑ wärmetechnische Verfahren.

**Ergänzende Verfahren**
- ❑ Spachtelmassenauftrag,
- ❑ Verzinnen (Verschwemmen).

### 4.4.3 Ausbeulwerkzeuge und ihre Wirkung

**Ausbeulhammer** (Bild 4.42) **und Gegenhalter**
Für verschiedene Einsatzgebiete werden unterschiedlich geformte Ausbeulhammer und Gegenhalter verwendet.

Der *Richthammer* (Bild 4.43) ist der am meisten eingesetzte Ausbeulhammer, er hat eine runde quadratische Schlagfläche. Die Schlagflächen können eben oder gewölbt. sein. Die in Bild 4.44 aufgeführten Ausbeulhammer und Gegenhalter finden bei der Beseitigung von Dellen Verwendung.

Zu den *Ausbeulhämmern* zählen:
- ❑ Feilhammer,
- ❑ Spitzhammer,
- ❑ Spannhammer,
- ❑ Schlichthammer,
- ❑ Schweifhammer,
- ❑ Tiefenhammer,
- ❑ Sonderausführungen.

Als *Gegenhalter* sind zu nennen:
- ❑ schienenförmige Handfaust,
- ❑ Universalfaust,
- ❑ diaboloförmige Handfaust,
- ❑ ebene Handfaust.

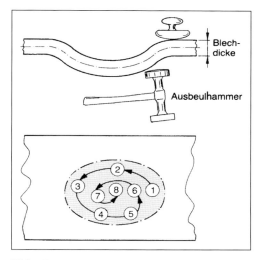

**Bild 4.42**
Die Ausbeularbeiten beginnen im Normalfall immer am Dellenrand und werden spiralförmig zur Mitte weitergeführt. [2]

**Bild 4.43**
Der «Richthammer» ist der am meisten eingesetzte Ausbeulhammer. [2]

**Bild 4.44**
Gebräuchlichste Gegenhalterformen (Fäustel): 1 Handfaust (Schienenform); 2 Daimler-Stöckle (Spezialanfertigung mit scharierter Bahn); 3 Handfaust (schlanke Form); 4 Handfaust (Keilform); 5 Handfaust (ebene Form); 6 Handfaust (Diaboloform) [2]

**Bild 4.45**
Ausbeul-Hebeleisen (gekröpft und geschweift) [2]

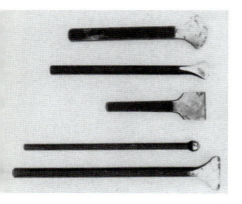

**Bild 4.46**
Verschiedene Stemmerformen [2]

**Bild 4.47**
Zugansatz für den Schwellerschaden [3]

**Ausbeul-Hebeleisen und Richtlöffel**

Seitenwände im B-Säulenbereich lassen sich schwer durch Hämmern ausbeulen. Hier werden die Vertiefungen durch Ausbeul-Hebeleisen (Bild 4.45) herausgedrückt.

**Stemmer**

Formkanten im Bereich der Schweller lassen sich mit dem Ausbeulhammer schlecht in die Grundform bringen. Hier bieten sich die verschiedenen Formen der Stemmer zur Bearbeitung an (Bild 4.46).

### 4.4.4 Zughammerverfahren

Beschädigungen im doppelwandigen Karosseriebereich können mit dem Hammer nicht bearbeitet werden (Schweller; Bild 4.47).

Es werden die Zugnägel an das beschädigte Teil angeschweißt. Durch Zug wird die Vertiefung herausgezogen. Die Blechoberfläche wird etwas weiter herausgezogen als nötig, um die Oberfläche von außen mit einem Hammer zu glätten und weiter zu bearbeiten.

### 4.4.5 Airpuller

Der Airpuller (Bild 4.48) ist ein automatisch arbeitender Zughammer. Der Airpuller kann ohne Ausbauen von Innenverkleidungen eingesetzt werden. Im Zentrum wird eine Stiftelektrode auf die Mitte der Delle geführt und mit der Blechoberfläche verschweißt. Die Schweißzeit (0,3 s) erwärmt das Blech nur an der Oberfläche. Anschließend wird die Stiftelektrode zurückgezogen und hebt die Dellenmitte an.

Damit die Dellenmitte nicht zu weit nach außen gezogen wird, ist mit Anschlag zu arbeiten.

*Arbeitsschritte:*
- ❏ Höhenanschlag festlegen,
- ❏ Anschweißen der Stiftelektrode,
- ❏ automatisches Hochziehen des Bleches,
- ❏ sofortiges Einsetzen der Kühlung zur Stabilisierung des Karosseriebleches,
- ❏ Abdrehen und Lösen der Stiftelektrode.

**Bild 4.48**
Der Airpuller ist ein automatisch
arbeitender Mini-Zughammer [3]

## 4.4.6 Verzinnen von Karosserieblech

Die nach dem Ausbeulen übrig gebliebenen Vertiefungen können entweder mit Kunststoff-Spachtelmasse
oder mit Schwemmzinn ausgeglichen werden.

*Arbeitsschritte:*
- ❑ Karosserieblech und Übergänge zu unbeschädigten
  Teile (ca. 50 mm) mit einer rotierenden Drahtbürste
  metallisch blank schleifen,
- ❑ Verzinnungspaste mit einem Pinsel auftragen,
- ❑ gleichmäßiges (von außen nach innen) Erwärmen
  der Verzinnungspaste mit dem Autogen-Schweiß-
  brenner,
- ❑ Entfernen des kaffeebraunen Flussmittels auf der
  Oberfläche nach dem Erwärmen mit einem Lappen,
- ❑ Auftragen von Schwemmzinn (Bild 4.49),
- ❑ Glätten des Schwemmzinntupfers bei Wärmezufuhr
  (Schweißbrenner) und Bearbeiten mit dem Karosse-
  riehobel.

**Bild 4.49 [3]**

## 4.4.7 Methoden, Materialien und Bedingungen zur Reparatur von Kunststoffen

**Methoden, Materialien und Bedingungen zur Reparatur von Kunststoffteilen**

| Marken | freigegebene Methoden | freigegebene Materialien | Alternativmaterialien | Reparaturbedingungen |
|---|---|---|---|---|
| Audi | Kleben, Spachteln | Konzern-Reparaturset (ET-Nr. D 007 700) | – | Abschürfungen, Kratzer und Risse bis 100 mm Länge, Löcher bis 30 mm Durchmesser |
| BMW | Spachteln | BMW-Reparaturset (Rapidfüller + 20 Prozent Softface-Zusatz) | – | keine Risse, Löcher und Befestigungselemente (vgl. BMW-Lackhandbuch) |
| Citroën | Kleben, Spachteln | Gurit Essex, Teroson | – | Risse bis 150 mm Länge, Reparaturdauer soll eine Stunde nicht überschreiten, keine Reparaturen an sicherheitsrelevanten Teilen |
| Daewoo | Es bestehen keine Vorgaben. | | | |
| Daihatsu | Kleben, Spachteln | Teroson | – | laut deutschem Importeur macht das Preisniveau lackierter Neuteile eine Reparatur meist unwirtschaftlich |
| Fiat | Kleben, Spachteln | Teroson | – | Funktion und Optik müssen gewährleistet sein |
| Ford | Kleben, Spachteln; Schweißen von Polycarbonat | Ford-Reparaturset (ET-Nr. 1 026 932) | – | Kratzer und Risse bis 100 mm Länge sowie kleine Löcher (vgl. TSI Nr. 148/1997), keine Reparatur von Ka- Stoßfängern (vgl. TSI Nr. 52/1997) |
| Honda | Kleben, Spachteln | Duramix, Kent Industries, Teroson | freigegeben, sofern die Reparaturqualität identisch ist | Einschränkungen: vgl. Kapitel «Kunststoffreparatur» in den Reparaturhandb.) |
| Hyundai | Kleben, Spachteln | Berner Plastofix, Kent Industries, Teroson, Völkel | – | Stoßfänger und Scheinwerferhalterungen |
| Jaguar | Es bestehen keine Vorgaben. | | | |
| Kia | Kleben, Spachteln | Teroson | freigegeben, sofern der gleiche Erfolg erzielt wird | – |
| Lada | Kleben, Spachteln | Teroson | freigegeben | Lohn- und Materialkosten sollten 70 Prozent des Neuteilpreises nicht überschreiten |
| Mazda | Kleben, Spachteln | Teroson | Berner | Funktion und Optik müssen gewährleistet sein |
| Mercedes-Benz | Kleben, Spachteln | Teroson | übliches Lackreparatur-Material für Abschürfungen und Kratzer bis 1 mm Tiefe | Abschürfungen und Kratzer tiefer als 1 mm sowie Risse und Löcher, nur für Reparaturen an Stoßfängerverkleidungen und -schutzleisten, Lohn- und Materialkosten sollten 75 Prozent des Neuteilpreises nicht überschreiten (vgl. Serviceinfo 88/96) |

| Marken | freigegebene Methoden | freigegebene Materialien | Alternativ-materialien | Reparaturbedingungen |
|---|---|---|---|---|
| Mitsubishi | entsprechend den Anweisungen im Reparaturset | Teroson | – | keine sicherheitsrelevanten Teile und Kühler-Wasserkästen |
| Nissan | Kleben, Spachteln | Teroson | – | kleine Schrammen, Risse und Löcher |
| Opel | Kleben, Spachteln, Strukturspray bei strukturierten Teilen | Gurit Essex (vgl. Service-info KTA 1949 D, Ausg. Sept. 1997, sowie Video VT 37) | – | Risse bis 50 mm Länge und 5 mm Breite, Löcher bis 30 mm Durchmesser, Kratzer, Abschürfungen und verlorene Teilstücke |
| Peugeot | Kleben, Schweißen | vgl. Serviceinfo 67 vom November 1994 | – | vgl. Broschüre «Instandsetzung von Verbundwerkstoffen» |
| Porsche | Kleben, Spachteln, Schweißen | Teroson | – | Kratzer, Risse, Brüche, kleine Löcher; Einschränkungen: vgl. «Handbuch Kunststoff» |
| Proton | Kleben, Spachteln, Schweißen | – | – | Reparatur muß technisch und wirtschaftlich sinnvoll sein |
| Renault | Kleben, Spachteln | Ixell MC | – | Risse und Bruchstellen bis 100 mm Länge, keine Reparatur am Prallabsorber (Kunststoffwabe) des Stoßfängers und in dessen Nähe |
| Rover | Kleben, Spachteln | Teroson | 3M 5900 FPRM | ABS, GFK, PA, PC und PUR sind reparabel |
| Saab | Kleben, Spachteln, Schweißen | Teroson | – | Reparatur muß entsprechend den Angaben im Werkstattinfosystem erfolgen |
| Seat | Kleben, Spachteln | SAT 1416 | – | nicht für unlackierte und oberflächen-strukturierte Teile; Risse bis 100 mm Länge, Löcher bis 30 mm Durchmesser |
| Skoda | Kleben, Spachteln | Konzern-Reparaturset D 007 700 | – | nicht für unlackierte und oberflächen-strukturierte Teile; Risse bis 100 mm Länge, Löcher bis 30 mm Durchmesser |
| Subaru | Kleben, Spachteln | Teroson | – | keine sicherheitsrelevanten Teile |
| Suzuki | Kleben, Spachteln | Teroson | – | keine sicherheitsrelevanten Teile |
| Toyota | Kleben, Spachteln | Teroson | – | vgl. Handbücher «Grundprinzipien des Lackierens» und «Grundlegende Karosserieinstandsetzungsarbeiten» sowie Rundschreiben 211/97 und M4/97 |
| Volvo | Kleben, Spachteln | Teroson | 3M | – |
| VW | Kleben, Spachteln | Konzern-Reparaturset D 007 700 | – | nicht für unlackierte und oberflächen-strukturierte Teile; Risse bis 100 mm Länge, Löcher bis 30 mm Durchmesser |

Quelle: Allianz-Zentrum für Technik
Stand: Mai 2002

**Aufgaben**

---

1. Beschreiben Sie das MAGLOC-Verfahren zur Rückverformung von Hagelschäden.

2. Wie wird beim MAGLOC-Verfahren überprüft, ob die Delle gleichmäßig herausgedrückt wurde?

3. Nennen Sie Verfahren, wie größere Dellen instand gesetzt werden können.

4. Beschreiben Sie das folgende Bild zu Ausbeularbeiten.

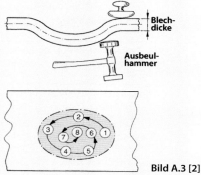

Bild A.3 [2]

---

5. Wie kann die Schlagfläche bei Richthämmern beschaffen sein?

6. Nennen Sie weitere Ausbeulhämmer, die in der Karosseriebearbeitung Verwendung finden.

7. Warum werden Gegenhalter verwendet?

8. Nennen Sie Typen von Gegenhaltern.

9. Wo werden Ausbeul- Hebeleisen und Richtlöffel verwendet?

10. Wann werden Stemmer eingesetzt?

11. Bezeichnen Sie das auf dem Bild dargestellte Gerät und nennen Sie die Arbeitsschritte für den Einsatz des Gerätes.

Bild A.4 [2]

---

*12. Nennen Sie die Arbeitsschritte beim Verzinnen von Vertiefungen.*

*13. Beschreiben Sie die im Bild dargestellte Methode der Karosserie-Instandsetzung.*

**Bild A.5** [2]

*14. Wo erhalten Sie Informationen über die Montage und Demontage von Fahrzeugteilen?*

## 4.5 Entschichtungstechnik, Schleifsysteme, Werkzeuge, Geräte, Schleifmittel

### 4.5.1 Schleifen

Der Aufwand für das Schleifen macht bei einer Reparaturlackierung mehr als die Hälfte der gesamten Arbeitszeit aus. Schleifen dient der Vorbereitung der Oberfläche für den Auftrag einer gut haftenden, einwandfreien Lackschicht (Bild 4.50).

*Ziele des Schleifens*:
❏ Aufrauen und Aktivieren des Untergrundes,
❏ Glätten des Untergrundes und
❏ Entfernen von Schmutz, Korrosionsprodukten und nicht tragfähigen Beschichtungen.

**Bild 4.50**
Teilgeschliffene Oberfläche

### 4.5.2 Schleifmittel

Das Schleifmittel ist für den Lackierer neben der Spritzpistole das wichtigste Hilfsmittel.

**Bild 4.51**
Schleifen einer gespachtelten Fläche

**Bild 4.52**
Geschliffenes Karosserieteil

**Bild 4.53**
Verschiedene Schleifmittel

**Bild 4.54**
Schleifgitter

Für die Blech- und Lackbearbeitung werden vorwiegend «gestreute Schleifmittel auf Unterlage» eingesetzt. Sie bestehen im Wesentlichen aus dem Schleifkornträger, dem Grund- und Deckbinder sowie den Schleifkörnern.

### Einteilung der Schleifmittel
❑ Kompakte oder feste Schleifmittel
  – Schmirgelscheiben,
  – Schleiftröpfe,
  – Schleifsteine;
  usw.;
❑ flexible Schleifmittel
  – Schleifpapier,
  – Schleiftücher,
  – Schleifschwämme,
  – Schleifleinen
  usw.

### Bestandteile der flexiblen Schleifmittel

Die flexiblen Schleifmittel bestehen aus
❑ der Unterlage wie
  – Papier,
  – Tuch oder Gewebe,
  – Fiber,
  – Kombinationen davon,
  – Kunststofffolien;
❑ dem Bindemittel wie
  – Naturleim oder
  – Kunstharz und
❑ dem Schleifbelag oder Schleifkorn (natürliche oder künstliche Mineralien von beinahe diamantener Härte).

Für die gesamte Lackbranche werden mit wenigen Ausnahmen heute nur noch die künstlichen Schleifmittel mit der Unterlage aus Papier (Nassschliff) oder Gewebe (Trockenschliff) verwendet. Obwohl man heute so weit wie möglich Maschinen zum Schleifen der Fahrzeugoberfläche einsetzt, kann man zu einem großen Teil auf den zeitaufwendigen Handschliff (Kanten, Rundungen) nicht verzichten.

## Aufbau der Schleifmittel

Das Schleifmittel besteht aus einem flexiblen Schleifkornträger, den es in verschiedenen Stärken entsprechend dem Einsatzzweck gibt. Die Elastizität des Schleifmittels hängt von der Stärke des Schleifkornträgers ab. Je dünner der Papier- oder Gewebeträger ist, umso elastischer ist das Schleifmittel. Biegsame und flexiblere Schleifscheiben für höchste Beanspruchung erhalten eine Unterlage aus Vulkanfiber.

Den Materialabtrag beim Schleifen besorgen die Schleifmineralien. Von den vielen Arten kommen in der Karosserie- und Lackreparatur zwei besonders geeignete *Materialien* zum Einsatz:

❑ Korund für harte Werkstoffe, das vor allem aus Aluminiumoxid besteht;

❑ Siliziumkarbid (Karborund) für weiche Werkstoffe.

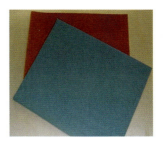

**Bild 4.55**
Schleifpapiere

## Schleifmittelhärte

Damit bezeichnet man den Widerstand, den ein Körper dem Eindringen eines anderen Körpers entgegensetzt.

Die Härte eines Körpers lässt Rückschlüsse auf sein Verschleißverhalten zu. Harte Lackoberflächen verkratzen weniger.

**Bild 4.56**
Unfachmännisch getrenntes Schleifpapier

*Harte Werkstoffe ritzen weiche. Diese Einsicht ist Grundlage der Härteprüfung nach Mohs.*

Mohs, ein Geologe, ritzte verschiedene Mineralien gegeneinander und ordnete sie so nach ihrer Härte. Um die Härte zahlenmäßig erfassen zu können, definierte er die Härte einiger Mineralien, z.B. (Mohs-) Härte 4 für Flussspat und (Mohs-) Härte 10 für Diamant, das härteste bekannte Material.

In der Werkstoffkunde werden vor allem Eindringhärte-Prüfverfahren eingesetzt. Dabei werden jeweils genormte Prüfkörper unter genormten Bedingungen in das Werkstück gedrückt und anschließend die Oberfläche oder Tiefe des bleibenden Eindruckes gemessen.

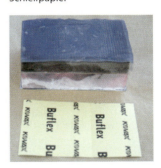

**Bild 4.57**
P3000-Schleifmittel für Feinschliff vor Polierarbeiten

| Härte | Material |
|-------|----------|
| 1 | Talkum |
| 2 | Gips |
| 3 | Kalkspat |
| 4 | Flussspat |
| 5 | Apatit |
| 6 | Feldspat |
| 7 | Quarz |
| 8 | Topas |
| 9 | Korund |
| 10 | Diamant |

**Bild 4.58**
Mohs'sche Härteskala [8]

**Bild 4.59**
Schleifpapierrolle

Edelkorundbelag
Kletthaftung

Silicium-Karbid-
belag, mit Stern-
loch

Schleifvlies
Kletthaftung

Schleifteller mit
Kletthaftung

Elastischer
Schleifteller

**Bild 4.60**
Verschiedene Schleifkörner

**Bild 4.61**
Schleifvlies mit Klettverschluss

## Körnung der Schleifmittel

Die Schleifrohstoffe müssen zuerst mechanisch zerkleinert und ausgesiebt werden. Die mechanische Zerkleinerung geschieht mit Hilfe von Brechern, Walzwerken und Mühlen. Das Mahlgut wird anschließend nach Partikelgröße (Körnung) sortiert. Heute werden verschiedene Korngrößen hergestellt. Nach der Sortierung wird das fertige Korn noch einmal gereinigt.

Der ganze Prozess des Mahlens, Siebens und des Reinigens erfordert hohe Aufmerksamkeit, da gleich bleibende Qualität und die genau gleiche Korngröße des Schleifkornmaterials von großer Bedeutung für das fertige Produkt sind.

Die Partikelgröße der Schleifkörner wird mit einer Kornnummer bezeichnet und ist durch die FEPA-Skala genormt. (FEPA-P-Norm bedeutet **F**ederation **E**uropeénne des fabricants de **p**roduits **a**brasifs; dies ist der europäische Verband der Schleifmittelhersteller.)

Die Kornnummer entspricht der Anzahl Sieböffnungen pro Zoll (ein Zoll = 25,4 mm). Fallen beispielsweise 80 Öffnungen auf 25,4 Millimeter, so handelt es sich um ein Sieb für Korn 80. Die Schleifpapiere sind nach einer europäischen Norm DIN ISO 6344 mit P (steht für Korn = amerik.: **p**unch) und einer Zahl (PXXX) bezeichnet.

Die Körnung reicht von P 12 (grob) bis P 2500 (super fein) (Tabelle 4.1).

**Tabelle 4.1**
Körnung der Schleifmittel

| Körnung nach DIN ISO 6344 | Mittlere Korngröße in μm |
|---|---|
| 80 | 200 |
| 120 | 120 |
| 220 | 65 |
| 240 | 58 |
| 320 | 46 |
| 400 | 35 |
| 500 | 30 |
| 600 | 26 |
| 800 | 22 |
| 1000 | 18 |
| 1200 | 15 |

Die *Vorteile* eines genormten Korns sind:
- ❏ gleichmäßiges Schleifresultat und
- ❏ Vergleichbarkeit mit anderen Schleifmittelprodukten.

Ein zufrieden stellendes Schleifergebnis wird nur durch Verwendung des richtigen Schleifmittels für das jeweilige Schleifverfahren erreicht.

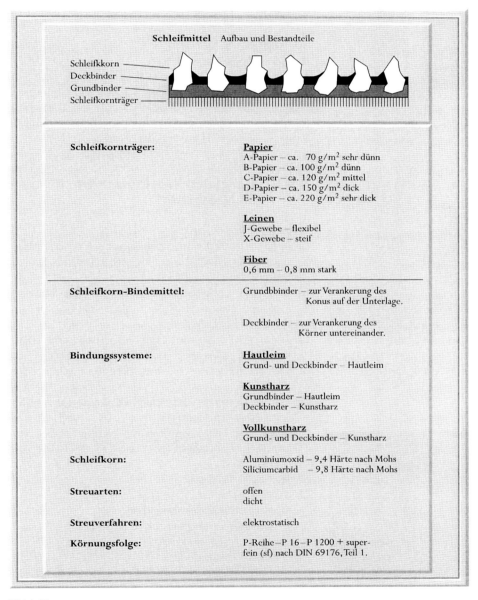

**Schleifmittel**  Aufbau und Bestandteile

Schleifkkorn
Deckbinder
Grundbinder
Schleifkornträger

| | |
|---|---|
| **Schleifkornträger:** | **Papier**<br>A-Papier – ca.  70 g/m² sehr dünn<br>B-Papier – ca. 100 g/m² dünn<br>C-Papier – ca. 120 g/m² mittel<br>D-Papier – ca. 150 g/m² dick<br>E-Papier – ca. 220 g/m² sehr dick |
| | **Leinen**<br>J-Gewebe – flexibel<br>X-Gewebe – steif |
| | **Fiber**<br>0,6 mm – 0,8 mm stark |
| **Schleifkorn-Bindemittel:** | Grundbbinder – zur Verankerung des<br>Konus auf der Unterlage. |
| | Deckbinder – zur Verankerung des<br>Körner untereinander. |
| **Bindungssysteme:** | **Hautleim**<br>Grund- und Deckbinder – Hautleim |
| | **Kunstharz**<br>Grundbinder – Hautleim<br>Deckbinder – Kunstharz |
| | **Vollkunstharz**<br>Grund- und Deckbinder – Kunstharz |
| **Schleifkorn:** | Aluminiumoxid – 9,4 Härte nach Mohs<br>Siliciumcarbid   – 9,8 Härte nach Mohs |
| **Streuarten:** | offen<br>dicht |
| **Streuverfahren:** | elektrostatisch |
| **Körnungsfolge:** | P-Reihe – P 16 – P 1200 + super-<br>fein (sf) nach DIN 69176, Teil 1. |

**Bild 4.62**
Schleifmittel [18]

Schleifkorn
Deckbinder
Grundbinder
Schleifkornträger

**Bild 4.63**
Prinzipieller Aufbau von Schleifpapier [4]

**Bild 4.64**
Vorderseiten von Trocken- und
Nassschleifpapieren

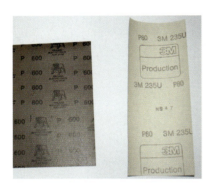

**Bild 4.65**
Rückseite von Trocken- und
Nassschleifpapier

**Bild 4.66**
Trockenschliff

### 4.5.3 Nassschliff

Nach der Erfindung der wasserfesten Schleifpapiere wurde zunächst der Nassschliff verbreitet. Das Wasser bindet den Schleifstaub und verhindert, dass das Papier zu schnell zusetzt.

Das Nassschleifen erfordert Arbeitsplätze mit Wasserzufluss und ein Abscheidungssystem für das anfallende Schleifwasser.

### 4.5.4 Trockenschliff

Beim Trockenschliff wird der Schleifstaub abgesaugt. Das Zusetzen des Schleifpapiers wurde durch spezielle Beläge stark vermindert. Der Trockenschliff kann mit jeder Schleifmaschine ausgeführt werden.

### 4.5.5 Vergleich Trockenschliff zu Nassschliff

*Vorteile des Trockenschliffs*:
- ❑ einfachere und schnellere Handhabung des Materials durch Wegfall von Einweichzeiten des Schleifmittels;
- ❑ Einsatz von Maschinen (Exzenterschleifer, Schwingschleifer) ermöglicht hohen Materialabtrag bei geringerem Zeitaufwand;
- ❑ einfaches Entfernen des Schleifstaubes am Entstehungsort;
- ❑ kein Nachtrocknen der geschliffenen Flächen erforderlich;
- ❑ kein zu entsorgendes Schleifwasser, dadurch geringere Umweltbelastung;
- ❑ geringerer Zeitaufwand durch weniger Arbeitsvorgänge bei der Nachbearbeitung.

Nachteile des Trockenschliffs:
- ❑ bei Handschliff
  - – ungleichmäßiges Schleifbild,
  - – schwerere Handhabung durch steiferes Schleifpapier,
  - – höhere Gesundheitsbelastung durch Schleifstaub in der Umgebungsluft erfordert Atemschutz.

...*assschliffs*:

...pier ist flexibler, dadurch können Rundun-
...Vertiefungen besser ausgeschliffen werden;
...eres Zusetzen durch Schleifstaub;
...mäßiges Schleifbild fördert die Glanzeigen-
...ften der nachfolgenden Lackoberfläche.

*Nachteile des Nassschliffs*:

❏ Längere Einweichzeiten des Schleifpapiers sind erforderlich, um eine bestmögliche Flexibilität des Materials zu bekommen;
❏ die geschliffenen Flächen müssen gut nachgetrock-
   net werden.

**Bild 4.67**
Trockenschliff mit Schleifvlies

Die Schleifmittel sind je nach Anwendungszweck in verschiedenen *Formen und Größen* erhältlich:

❏ Scheiben,
❏ Bogen,
❏ Rolle,
❏ perforierter Bogen,
❏ perforierte Scheibe.

## 4.5.6 Schleifvlies – Schleifpad

Neben den Schleifpapieren kommen die Schleifvliese
immer mehr zum Einsatz. Es handelt sich dabei um Ny-
lonfasern, in die das Schleifkorn eingebettet ist. Es sind
verschiedene *Qualitäten* auf dem Markt:

❏ Typ A, rotbraun – es enthält Elektrokorund und wird
   zum Mattschleifen von Altlackierungen und Aufrauen von Aluminiumoberflächen verwendet;
❏ Typ B, grauschwarz – es enthält Siliciumcarbid und
   kommt für Endschliffarbeiten zu Einsatz.

**Bild 4.68**
Nassschliff

**Bild 4.69**
Trockenschliff mit starker Schleifstaub-
bildung

**Bild 4.70**
Schleifschwamm

**Bild 4.71**
Schleifarbeiten mit Exzenterschleifgerät
mit Staubabsaugung

### 4.5.7 Schleifwerkzeuge

Für rationelles Bearbeiten des Bleches oder Lackunterlagen steht dem Fahrzeuglackierer eine Vielzahl anwendungsorientierter Werkzeuge zur Verfügung. Vorbereitende Schleifarbeiten an Metall- und Lackuntergründen lassen sich schneller und besser ausführen, wenn hierfür geeignete Geräte zum Einsatz kommen. Umfangreiche Schleifarbeiten lassen sich so zeitsparend erledigen.

Bei den Schleifmaschinen unterscheidet man zwischen elektrisch und druckluftbetriebenen Geräten (pneumatischer Antrieb).

**Elektrisch betriebene Geräte**
Das Schleifgerät wird über einen Elektromotor angetrieben. Die Spannung der Geräte liegt zwischen 220 bis 380 V. Ein Vorteil dieser Geräte ist die größere Einsatzmobilität. Für Nassschleifarbeiten dürfen nur Niederspannungsgeräte bis 42 V oder Geräte mit Schutztrenntransformator eingesetzt werden.

**Pneumatisch betriebene Geräte**
Die pneumatisch betriebenen Schleifmaschinen werden durch Druckluft angetrieben. Sie benötigen daher einen Kompressor, um die notwendige Druckluft zu erzeugen. Die Drehzahl kann durch Regulierung der Luftzufuhr stufenlos verändert werden. Für Nassschleifarbeiten und für Arbeiten in explosionsgefährdeten Räumen können diese Geräte eingesetzt werden. Die Geräuschbelastung ist hier höher als bei elektrisch betriebenen Geräten und erfordert bei längerem Einsatz Gehörschutz.

**Schleifmaschinen**
*Bandschleifer*
Das bandförmige Schleifmittel wird in einer linearen Bewegung mit sehr hoher Drehgeschwindigkeit über zwei quer angeordnete, sich drehende Walzen transportiert. Die Schleifbewegung in eine Richtung ergibt eine hohe Abtragsleistung und ist vor allem für Grobschliff geeignet.

**Bild 4.72**
Unfallverhütungsvorschriften sind bei Schleifarbeiten
einzuhalten.

Die Oberflächenqualität ist mittelmäßig und somit weniger gut für den Endschliff brauchbar.

*Rotationsschleifer, Winkelschleifer*
Der Winkelschleifer (Bild 4.75) hat einen flexiblen zentrisch kreisenden Drehteller, der sich mit sehr hoher Drehzahl bewegt. Die Abtragsleistung ist sehr groß.

Die erzielbare Oberflächenqualität ist nicht hoch, deshalb werden diese Geräte vor allem für Grobschliff, weniger für Zwischen- und Endschliff verwendet. Ein großes Einsatzgebiet ist das Schuppen und Trennen von Metallen und anderen Werkstoffen.

Es ist auch möglich, Sonderausführungen von Winkelschleifern mit einstellbaren Drehzahlen zum Polieren einzusetzen.

Die einstellbaren Drehzahlen liegen bei diesen Geräten zwischen 700 und 3000 min$^{-1}$.

*Schwingschleifer*
Der Schwingschleifer ist ein oszillierender Vibrationsschleifer, der mittels schwingenden Bewegungen der Schleifplatte arbeitet.

Die Abtragsleistung ist gering, wird aber sehr stark von der Körnung des Schleifmittels bestimmt.

Schwingschleifer haben rechteckige und ebene Schleifplatten und erreichen dadurch verhältnismäßig hohe Oberflächenqualitäten im Schleifergebnis auf planen Untergründen.

Für Grobschliff ist der Schwingschleifer weniger geeignet. Das Einsatzgebiet ist der Zwischen- und Endschliff.

*Exzenterschleifer*
Der Exzenterschleifer ist ein exzentrisch arbeitender Winkelschleifer, der die Technik des Schwingschleifers

**Bild 4.73**
Bandschleifmaschine

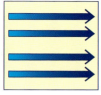

**Bild 4.74**
Schleifrichtung einer Bandschleifmaschine

**Bild 4.75**
Winkelschleifer

**Bild 4.76**
Drehbewegung eines Rotationsschleifers, Winkelschleifers

**Bild 4.77**
Schwingschleifer

**Bild 4.78**
Oszillierende Vibrationsbewegung eines Schwingschleifers

**Bild 4.79**
Exzenterschleifgerät

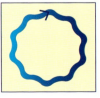

**Bild 4.80**
Exzentrische Bewegung eines Exzenterschleifgerätes

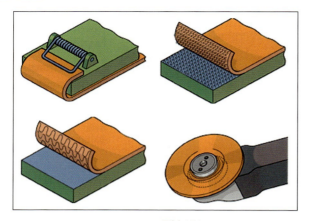

**Bild 4.81**
Befestigungsarten von Schleifmitteln
auf Schleifmaschinen

mit der Technik des Rotationsschleifge-
rätes vereint. Durch die exzentrischen
Drehbewegungen – er schwingt und
rotiert zugleich – wird weniger Wärme
erzeugt. Dadurch wird das Schleifpapier weniger zugesetzt und erhöht dadurch die Standzeit.

Die Abtragsleistung hängt von der
Körnung des Schleifmittels ab und
kann von mittelmäßig bis sehr gut sein.
Der Exzenterschleifer eignet sich besonders gut für den Zwischenschliff
und Endschliff. Mit einem harten
Schleifteller lassen sich besonders
Spachtelüberzüge schleifen, ein weicher Teller vermindert ganz allgemein den Kantendurchschliff. Schleifmittel mit Klettverschluss können jederzeit gewechselt und
später weiter verwendet werden.

**Bild 4.82**
Schwingschleifer mit einge-
bauter Schleifabsaugung [19]

### 4.5.8 Schleifstaubabsaugung

Saubere Arbeitsplätze sind Voraussetzung für ein erfolg-
reiches Arbeitsergebnis und fördern die Motivation der
Mitarbeiter. In Lackierbetrieben ist Feinstaub die Haupt-
ursache für Verschmutzungen in der Lackoberfläche.
Man unterscheidet zwischen *integrierter* und *externer*
*Absaugung*. Um eine gewisse Bewegungsfreiheit bei der
Arbeit zu haben, wird in einigen Schleifgeräten – z.B.
Schwingschleifer – eine Schleifabsaugung in das Gerät
eingebaut.

Für den Fahrzeuglackierer mit seinen vielen Schleifarbeiten ist die externe Schleifstaubabsaugung vorteil-
hafter. Die Absaugung kann über einen speziellen Staubsauger (Bild 4.83), der dem Schleifgerät direkt angeschlossen ist, oder über eine zentrale Staubabsauganlage
erfolgen. Flexible Saugschläuche des Absaugsystems
machen jede Bewegung mit. Hochwertige Qualitätsfilter
reinigen die Saugluft und sammeln alle Lackstaubparti-
kel. Die komfortablen Saugampeln dienen gleichzeitig
als Druck- und Stromanschluss; dadurch wird Kabel- und
Schlauchgewirr vermindert. Die erfassten Staubpartikel
werden in einem speziellen Sack der umweltgerechten
Entsorgung zugeführt.

**Bild 4.83**
Staubsauger für Schleifgeräte

## 4.5.9 Lackentfernung

Der Fahrzeuglackierer muss immer wieder die komplette Altlackierung bis auf das Metall entfernen. Es können verschiedene *Verfahren* angewendet werden:

- ❑ Abbeizen mit Abbeizfluid,
- ❑ Ablaugen mit Abbeizlauge,
- ❑ Schleifen,
- ❑ Strahlen mit Strahlmittel (Bild 4.84),
- ❑ Trockeneisstrahlen.

Die Auswahl des Entschichtungsverfahrens richtet sich vor allem nach der vorhandenen Altbeschichtung, der Größe des Objektes und dem zu erzielenden Ergebnis.

Seit kurzer Zeit wird das Trockeneisstrahlen auch von den Fahrzeuglackierern zum Entschichten von kompletten Karosserien und der Reinigung von sensiblen Teilen, z. B. bei Motorwäsche, angewendet.

**Bild 4.84**
Sandstrahlarbeiten

## Aufgaben

1. Warum müssen Untergründe geschliffen werden?

2. Nennen Sie die Bestandteile von flexiblen Schleifmitteln.

3. Erklären Sie den Aufbau der Schleifmittel.

4. Erläutern Sie den Begriff «Härte».

5. Was versteht man unter der Kornnummer der Schleifmittel?

6. Worin unterscheidet sich der Nassschliff vom Trockenschliff?

7. Nennen Sie die Vorteile des Trockenschliffs.

8. Welche Schleifwerkzeuggeräte werden in der Fahrzeugreparaturlackierung eingesetzt?

9. Beschreiben Sie die Arbeitsweise eines Exzenterschleifgerätes.

10. Nennen Sie die Befestigungsarten von Schleifmitteln auf Schleifgeräten.

11. Welche Lackentfernungsmethoden werden im Fahrzeuglackiererhandwerk angewendet?

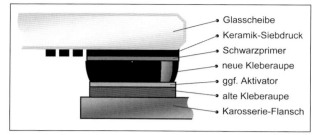

**Bild 4.85**
Scheibenlagen [33]

# 4.6 Glasarbeiten

## 4.6.1 Autoscheiben

Die teilweise gegenläufigen Anforderungen an eine Karosserie, wie Leichtbau, Sicherheit und Reparaturfreundlichkeit, machen Hochtechnologien erforderlich. Damit sind auch Detailoptimierungen, z. B. eingeklebte Scheiben, höherfeste Karosseriebleche und eingeklebte Formhimmel, erklärbar.

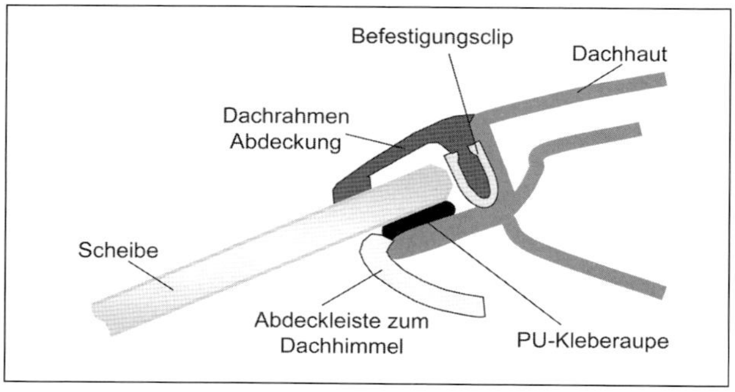

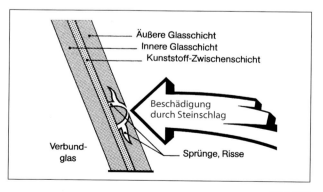

**Bild 4.86**
Windschutzscheibe mit Außen- und Innenabdeckung [33]

## 4.6.2 Verbundglasscheiben

Alle Kraftfahrzeuge jüngerer Bauart besitzen Windschutzscheiben aus Verbundglas. Hierbei handelt es sich um zwei Einzelscheiben, die aufeinander geklebt sind. Zwischen beiden Scheiben befindet sich eine Kunststofffolie, die die Aufgabe hat, bei Beschädigung der Scheibe die Splitter festzuhalten. Dadurch können gefährliche Schnittwunden an Personen, die bei einem Unfall mit der Windschutzscheibe in Berührung kommen, nahezu verhindert werden.

## 4.6.3 Schutz bei Steinschlagschäden

Wenn im Fahrbetrieb, z. B. durch Steinschlag, die Windschutzscheibe beschädigt ist, zeigt in den meisten Fällen nur die äußere Glasschicht Risse bzw. sind hier Glassplitter ausgebrochen. Die Zwischenfolie und die innere Glasschicht sind unbeschädigt.

**Bild 4.87**
Schematische Darstellung einer Verbundglasscheibe mit Beschädigung [20]

### 4.6.4 Wärmeschutz-Verglasung

Die Folien haben außerdem den Vorteil, dass sie eingefärbt werden können und somit zu einer Wärmeschutz-Verglasung führen.

Die stärker eingefärbten Folien erzielen auch einen gewissen Sichtschutz und Anonymität der Insassen.

### 4.6.5 Schäden an Verbundglasscheiben

Die Schadensbilder und der Schadensumfang sind unterschiedlich. So gibt es Risse, die sich sternförmig vom Einschlagszentrum ausbreiten. Das Schadenszentrum zeigt selber nur geringe Absplitterungen. Im Sprachgebrauch ist von einem **Sternbruch** die Rede.

Das Bild eines **Kuhauges** (Pupille und Augenlid) ergibt sich bei einer großflächigeren Absplitterung vom Einschlagszentrum aus (ca. 3 bis 4 mm). Löst sich die Glasschicht im Schadenszentrum ca. daumengroß von der Zwischenfolie, wird dies als **Kombibruch** bezeichnet.

Wenn die Beschädigung stärker ist, wird von einem **Trümmerbruch** gesprochen. All diese kleinen Beschädigungen führen nach den Richtlinien des Straßenverkehrsrechtes zum Erlöschen der Betriebserlaubnis des Fahrzeuges. Die Windschutzscheibe unterliegt einer Bauartgenehmigung. Ist so ein Teil beschädigt oder verändert, dann verliert das Fahrzeug die Allgemeine Betriebserlaubnis. Diese starre Auslegung der Richtlinie verhinderte, dass die Reparatur einer Windschutzscheibe durchgeführt wurde. Die Reparatur wurde als Bauteilveränderung angesehen. Erst nach Druck der Öffentlichkeit sowie umfangreichen Untersuchen und Prüfungen wurde das Windschutzscheiben-Reparaturverfahren unter zwei *Einschränkungen* zugelassen:

☐ Die Schadstelle darf nicht im Fernlichtfeld des Fahrzeuges des Fahrzeugführers sein.
☐ Das Reparaturharz muss UV-beständig und der Lichtbrechungsindex muss gleich sein.

Die Reparaturmethode basiert auf dem Gedanken, dass Hohlräume mit einem speziellen Harz ausgefüllt werden (Füllharz). Das ist aber nicht so einfach, da die Risskanäle sehr fein sind und als Sackbohrungen betrachtet werden müssen. Es muss ein Harz verwendet werden, das sowohl gute Kapillarität als auch gute Benetzungs-

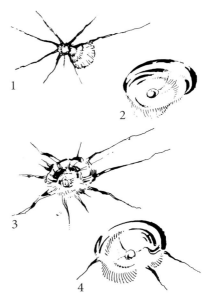

**Bild 4.88**
Schadensbilder in einer Verbundglasscheibe: 1 Sternbruch; 2 Kuhauge; 3 Trümmerbruch; 4 Kombibruch [20]

**Bild 4.89**
Scheibenbruch

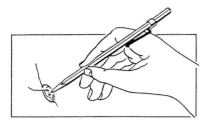

**Bild 4.90**
Der Einschlagpunkt wird von Schmutz und losen Glassplittern befreit. [3]

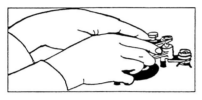

**Bild 4.91**
Ein Werkzeug wird über der Schadstelle befestigt. [3]

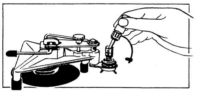

**Bild 4.92**
Der Injektionszylinder wird eingeschraubt und mit Reparaturharz befüllt. [3]

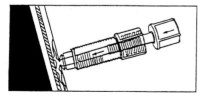

**Bild 4.93**
Das Füllharz wird unter Druck in die Schadstelle eingepresst, die Luft unter Vakuum entfernt. [3]

eigenschaften hat und unter Druck in die Schadstelle eingepresst wird. Dadurch verdichtet sich die eingeschlossene Luft. Wird der Druck anschließend weggenommen, entspannt sich die Luft und wandert aus dem Harz nach außen ab. Dieser Vorgang muss einige Male wiederholt werden. Das Werkzeug zum Einpressen des Harzes ist ein Halter zur Aufnahme eines Druckzylinders. Über einen Druckstößel wird das im hohlen Druckzylinder befindliche Harz in die Schadstelle gedrückt. Ist die Schadstelle komplett gefüllt (keine Restluft vorhanden), wird das Füllharz mit UV-Licht ausgehärtet. Danach wird der Einschlagpunkt des Steinschlages separat behandelt. Auf diese Stelle wird ein spezielles Endbearbeitungsharz aufgetragen. Mit einer kleinen Folie ist dieser Harztropfen gleichzeitig abzudecken und flachzudrücken. Das aufgebrachte Finishharz wird nun auch mit UV-Licht gehärtet. Nach dem Entfernen der Folie wird dieser Punkt angeschabt und aufpoliert. Ein kleiner grauer Fleck bleibt als Einschlagpunkt zurück.

Bei der Reparaturdurchführung können einige Probleme auftreten. So kommt es vor, dass beim Einpressen des Harzes plötzlich einige Sprünge bis zum Scheibenrand weiterreißen. Dies Scheibe kann nicht mehr repariert und muss ausgetauscht werden. Das kommt vor, wenn die Schadstelle in der Nähe des Scheibenrandes liegt. Die Rissbildung ist vielfach nur eine Vergrößerung des vorher nicht sichtbaren Anrisses.

Weiterhin kann es passieren, dass einige Luftblasen nicht aus der Schadstelle entweichen. In solchen Fällen muss der Druckstößel herausgedreht werden. Anschließend wird mit einer Handvakuumpumpe ein Unterdruck im Schadensbereich erzeugt. Nun können eingeschlossene Luftbläschen besser entweichen. Zusätzliches Erwärmen der Schadstelle unterstützt das Herauswandern der eingeschlossenen Luft.

Um einen erfolgreichen Reparaturverlauf zu bekommen, sollten folgende *Voraussetzungen* gegeben sein:

❑ Der Schaden darf nur in der äußeren Glasschicht sein.

❑ Die Schadstelle darf zur Reparatur nicht nass oder verschmutzt sein. Es empfiehlt sich, sofort nach der Beschädigung die Stelle mit farblosem transparenten Klebeband zu verschließen (Hinweis an den Autofahrer). Ist der Schadensbereich verschmutzt oder feucht, wird er mit einem speziellen Primer vorbehandelt.

❑ Der Durchmesser des Einschlagkraters sollte nicht größer sein als 5 mm (sonst dichtet der Druckzylinder nicht mehr ab). Sollte ein größerer Schadensdurchmesser vorliegen, muss mit einem Spezialadapter gearbeitet werden.

❑ Vorhandene Sprünge dürfen vom Einschlagszentrum ausgemessen nicht länger als 5 cm sein;

Die Reparatur dauert im Normalfall ca. 45 Minuten.

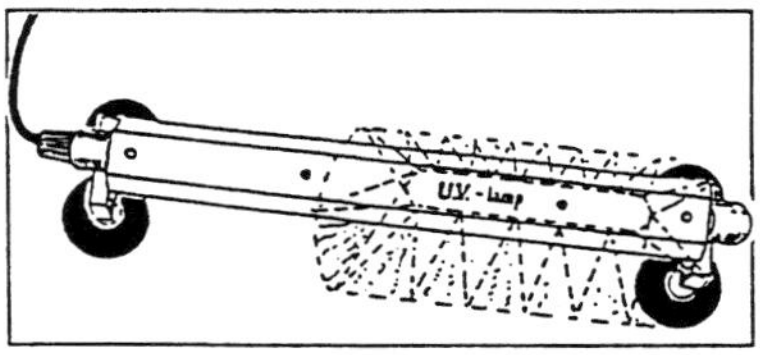

**Bild 4.94**
Das Harz wird mit UV-Licht ausgehärtet und die Schadstelle somit dauerhaft verklebt. [3]

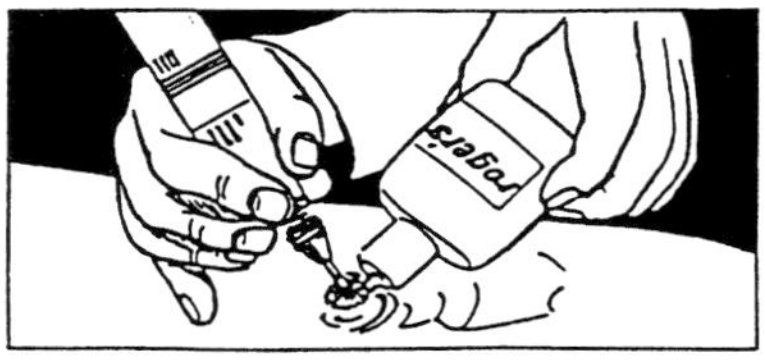

### 4.6.6 Austrennen und Einkleben von Autoscheiben

Die Gründe für das Einkleben von Autoscheiben sind aus den allgemeinen Anforderungen für den Pkw-Bau abzuleiten: Die Fahrzeuge sollen umweltverträglicher, schneller und in der Produktion kostengünstiger werden. Die Gewichtseinsparungen werden in der Kombination von neuen Materialien und geringeren Wandstärken erreicht.

**Bild 4.95**
Die Reparaturstelle wird nach der Bearbeitung mit Finishharz abgeschabt und aufpoliert. [3]

Es entsteht aber dadurch gleichzeitig eine elastischere und verwindungsfreudigere Karosserie. Das unerwünschte stärkere Sich-Verdrehen der Karosserie wird durch große Fensterausschnitte noch gesteigert. Durch Einkleben von Scheiben wird die nötige Verstärkung gegen das Verwinden erreicht. Diese Maßnahme bewirkt bei Leichtbaukarosserien, dass sie um 30% verdrehfester sind als Karosserien, die keine eingeklebten Scheiben bei gleicher Bauweise haben. Es konnte sogar das Scheibengewicht z.T. reduziert werden, weil die Scheiben nicht mehr so dick sein müssen.

Es kommt häufig vor, dass die Scheiben beim Ausbauen trotz besten Bemühens durch die Reparatur zerstört werden.

Für das Austrennen von Scheiben kommen sechs *Verfahren* zur Anwendung:

❑ eingelegter Heizdraht;

❑ einfache Draht-Zieh-Methode;

**Bild 4.96**
Herkömmliche eingummierte Scheibe mit stark auftragendem Gummiwulst [3]

**Bild 4.97**
Eingeklebte Scheibe, übergangslos in der Karosseriekontur eingelassen [3]

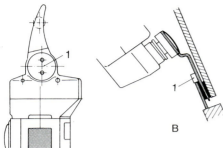

A

Bild 4.98
Heraustrennen einer Windschutzscheibe
1 Anschlagrolle [3]

B

- ❏ Draht-Zieh-Methode mit Aufspulvorrichtung;
- ❏ eingelegter Schneidefaden;
- ❏ mechanische Kaltschneideverfahren;
- ❏ Thermoschneideverfahren.

### 4.6.7 Einbau einer zu verklebenden Autoscheibe

Wie jede Klebeverbindung, so wirkt auch die Klebung zwischen Scheibenrahmen und Scheibe durch Kohäsions- und Adhäsionskräfte. Der Kohäsionsbereich kann bei einem «1-Komponenten-Kleber» nicht beeinflusst werden – wohl aber die Zonen, die die Verbindungen mit angrenzendem Material bewirken. Wenn nämlich die zu verklebenden Flächen nicht sorgfältig gereinigt und mit Haftvermittler beschichtet werden, kommt es zu Haftungsproblemen.

Das Gleiche gilt, wenn die beim Austrennen eventuell verbrannten Klebereste nicht sorgfältig entfernt werden.

Bild 4.99
Ausgebaute Windschutzscheibe

*Die Vorbehandlung der Klebeflächen muss nach den Vorgaben des Kleberherstellers erfolgen (Hinweise sind auf der Reparaturverpackung).*

Nach der Vorbehandlung der zu verklebenden Flächen wird der Kleber aus der Kartusche auf den Scheibenrand gedrückt. Dabei soll die Kartuschenspitze derart angeschnitten werden, dass der herauszudrückende Kleber eine Raupe ergibt, die im Querschnitt einem Dreieck gleicht. Die Höhe des Dreiecks soll rund 10 mm betragen.

Bild 4.100
Korrosionsschutz und Spachtelarbeiten an verrosteten Stellen vor Scheibeneinbau

**!** *Kann die Kleberraupe nur mit hohem Kraftaufwand aus der Kartusche gedrückt werden, liegt der Verdacht nahe, dass der Kleber zu alt ist. Es sollte daher immer das Verfallsdatum der Kartusche vor der Verarbeitung kontrolliert werden.*

**Tipp**

*Ist das Verfallsdatum noch nicht überschritten, legt man bei sehr zähflüssigem Kleber die Kartusche ca. 5 Minuten in heißes Wasser; danach lässt sich der Kleber leichter auftragen.*

Sobald der Scheibenrand ringsum mit der Kleberraupe bestrichen ist, wird die Scheibe in den Scheibenrahmen gelegt. Für die Handhabung der kompletten Scheibe werden die üblichen Saugheber verwendet. Da der Kleber mindestens 12 bis 24 Stunden (Herstellerangaben sind unbedingt zu beachten!) zum Anhärten benötigt, muss die Scheibe mit Keile und Distanzstücke in Position gehalten werden. Die Härtezeit des Klebers kann nicht durch Wärmezufuhr verkürzt werden.

Der Scheibenrahmen hat eine rund 3 cm breite Schwarzführung, die im Übergangsbereich zur klaren Scheibe nur noch schwarze Punkte aufweist. Dieser schwarze Streifen ist aus optischen Gründen erforderlich. Sobald die Scheibe mit der aufgetragenen Kleberraupe auf den Karosserierahmen gedrückt wird, verteilt sich der Kleber ungleichmäßig in der Klebezone. Somit wäre bei einem klaren Scheibenrand ein Kleberauftrag zu erkennen, der einmal breit und einmal schmal ist. Durch die Schwarzfärbung des Scheibenrandes ist die Klebefläche nicht zu erkennen. Damit es keine optischen harten und störenden Übergänge von der Schwarzfärbung zur klaren Scheibe gibt, ist der Übergangsbereich gepunktet.

**Bild 4.101**
Auftragen des Klebers mit einer
Akku-Kartuschenpistole

**Bild 4.102**
Akku-Kartuschenpistole

**Tipp**

*Die unterschiedlichen Austrennmethoden lassen sich nicht ohne Ausprobieren erlernen. Hierzu können Fahrzeugheckklappen von Schrottfahrzeugen abmontiert und in die Werkstatt geholt werden. Dort kann das Heraustrennen der Scheibe geübt werden.*

**Bild 4.103**
Kartuschenofen

**Bild 4.104**
Einsetzen der zu verklebenden
Windschutzscheibe

**Bild 4.105**
Scheibentrennwerkzeug

**Bild 4.106**
Werkzeug für die Scheibenreinigung

Auch das Einkleben von Scheiben sollte man üben. Dabei kann beobachtet werden, wie lange die Scheibe sich im neuen Kleber noch verschieben lässt oder wie verschmutzte Klebefläche eine Haftung erschweren.

## 4.6.8   Scheibenreinigung

Gute «Durchsicht» der Scheiben ist eminent wichtig für den Straßenverkehr. Nicht nur unzureichende Sehschärfe, sondern auch schmierige, mit Schleier belegte Autoscheiben sind eine Gefahr für alle Verkehrsteilnehmer. Blendwirkung und schlechte Durchsicht können schnell zu gefährlichen Situationen führen.

Nichtraucher stellen sich oft die Frage, wieso auch ihre Autoscheiben kurz nach einer Reinigung wieder einen grauen Belag aufweisen. Nicht nur im Außenbereich setzt sich der Schmutz besonders gern auf den Scheiben ab, auch innen trüben elektrostatisch angezogener Staub, ein gewisses «Schwitzen» der Kunststoffe und vor allen Dingen die beim Ausatmen entstehenden Ausdünstungen des Menschen sowie entsprechende Rückstände bei Rauchern den Blick nach draußen.

### Leichte Verschmutzung
Hierbei handelt es sich um Verschmutzungen, die nicht mit bloßem Auge sichtbar sind. Streicht man mit dem Finger über die Scheiben, zeigt sich ein schwacher Graufilm. Besonders Neufahrzeuge haben durch längere Standzeiten kaum sichtbare Beläge auf den Scheiben. Erst bei einer Blendwirkung durch die Sonne oder durch Licht im Dunkeln werden diese Schmutzschichten sichtbar und können den Blick nach draußen trüben.

### Mäßige bis starke Verschmutzung
Bei diesem Verschmutzungsgrad ist eine Eintrübung bei Lichtstrahlung deutlich sichtbar. Der Fingertest zeigt sofort eine hellere Fläche als die Umgebung. In den meisten Fällen ist eine leichte bis starke Schmierschicht vorhanden. Die Front- und Heckscheibe sind davon besonders stark betroffen. An den Heizdrähten der Heckscheibe und in der Nähe der Lüftung im Frontscheibenbereich zeigen sich deutlich sichtbare Ablagerungen.

### Extreme Verschmutzungen
Die Verschmutzung der Scheiben ist ohne Fingertest und Lichteinfall deutlich sichtbar, wenn in einem Fahr-

zeug häufig geraucht wird. Ein graubrauner Schleier trübt hier die Durchsicht. An den Scheibenkanten, Gummileisten und an Heizdrähten zeigt sich eine braune Ablagerung. Durch angetrocknetes Kondenswasser sind Nikotinverschmutzungen leicht zu erkennen. Die Scheibenreinigung kann bei diesen Fahrzeugen erheblich mehr Zeit in Anspruch nehmen, weil in den meisten Fällen mehrmals gereinigt werden muss.

**Häufig verwendete Arbeitsmaterialien**
- ❑ Glasschaber,
- ❑ Papiertücher,
- ❑ Mikrofaser,
- ❑ Scheibenreiniger,
- ❑ Fleckenentferner.

**❗** *Zeitungspapier ist für die Scheiben heutiger Fahrzeuge ungeeignet. Es hinterlässt Schlieren, und die Druckerschwärze färbt an hellen Kunststoffteilen ab. Insbesondere helle Innenausstattungen bekommen durch Zeitungspapier dunkle Ränder und Streifen, die sich nur schwer und nur mit lösemittelhaltigen Reinigern wieder entfernen lassen. Besonders gefährdet sind Fensterholme, die mit einer Veloursschicht oder Ähnlichem verkleidet sind.*

**Bild 4.107**
Mäßige bis starke Scheibenverschmutzung

**Bild 4.108**
Glasschaber

**Bild 4.109**
Scheibenreinigung

**Bild 4.110**
Kein Zeitungspapier für die Reinigung der Scheiben verwenden.

## Aufgaben

1. Beschreiben Sie den Aufbau einer Verbundscheibe.

2. Warum werden Folien zur Einfärbung von Fahrzeugverbundscheiben verwendet?

3. Nennen Sie mögliche Schäden an Verbundglasscheiben.

4. Welche Voraussetzungen müssen zur Reparatur einer Verbundglasscheibe (Windschutzscheibe) gegeben sein (aus gesetzlicher Sicht)?

5. Welche Punkte müssen beim Einbau einer zu verklebenden Autoscheibe beachtet werden?

6. Welche Aufgabe hat ein Siebdruckrand an einer Frontscheibe?

7. Nennen Sie häufig verwendete Arbeitsmaterialien für die Fahrzeugglasreinigung.

8. Wieso sollte kein Zeitungspapier für die Scheibenreinigung verwendet werden?

9. Erstellen Sie einen Arbeitsablaufplan für die Scheibenreinigung.

# 5 Farbe und Gestaltung

**5.1 Farbwahrnehmung und Farbwirkung** – 105

5.1.1 Farbe und Licht – 105

**5.2 Farbmischung** – 105

5.2.1 Additive Farbmischung – 105

5.2.2 Subtraktive Farbmischung – 105

**5.3 Farbordnungssysteme** – 105

**5.4 Metamerie** – 108

**5.5 Farbkontraste** – 108

**5.6 Farbe und Sicherheit** – 109

**5.7 Farbmessung** – 109

**5.8 Farbmischsysteme** – 110

**5.9 Farbtonabweichungen** – 110

**5.10 Glanz** – 110

**5.11 Farbcodierung** – 111

# 5.1 Farbwahrnehmung und Farbwirkung

Farbenwahrnehmung und Farbempfinden entstehen durch einen physikalischen Reiz. Farbe ist eine Sinneswahrnehmung durch das Auge und das Gehirn. Ein bestimmter Abschnitt der elektromagnetischen Energie zwischen 380 und 760 Nanometer (Nm = ein millionstel Millimeter; Bild 5.1) wird durch Licht- und Farbrezeptoren (Stäbchen und Zapfen) im Auge für uns wahrnehmbar.

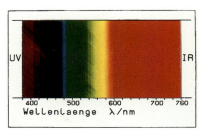

**Bild 5.1**
Spektrum des sichtbaren Lichtes [1]

## 5.1.1 Farbe und Licht

Das Licht beeinflusst den Farbeindruck. Bei unterschiedlichen Tageszeiten ist das Spektrum des Tageslichtes auch unterschiedlich. Der Farbeindruck ist abhängig von der Strahlungsverteilung der Lichtquelle. Je heißer die Lichtquelle (Halogenstrahler), desto kurzwelliger und blauer erscheint uns das Licht. Bei Glühlampen ist der langwellige Anteil sehr hoch; sie senden warme rote Lichtstrahlen aus. Bei Farbmessgeräten und in den Abmusterungskabinen der Farbenhersteller wird durch eine künstliche Lichtquelle (Tageslichtleuchte) ein mittleres Tageslicht erzeugt.

# 5.2 Farbmischung

## 5.2.1 Additive Farbmischung

In der additiven Farbmischung (Lichtfarbenmischung) werden drei farbige Lichtquellen (Grün, Orange und Violett) überlagert. Bereits bei der Überlagerung von zwei Lichtquellen entsteht ein neuer Farbton (Bild 5.2).
- ❏ Die drei Spektralfarben Violett, Grün und Orange ergeben Weiß.
- ❏ Grün und Violettblau ergeben Cyanblau.
- ❏ Grün und Orangerot ergeben Gelb.
- ❏ Orange und Violett ergeben Magentarot.

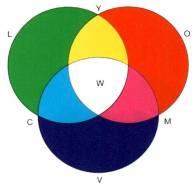

**Bild 5.2**
Additive Farbmischung [1]

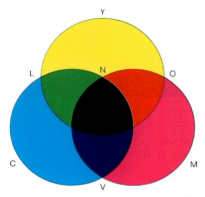

**Bild 5.3**
Subtraktive Farbmischung (Mischung von Körperfarben) [1]

## 5.2.2 Subtraktive Farbmischung (Bild 5.3)

In der subtraktiven Farbmischung (Mischung von Körperfarben) werden unterschiedliche Anteile des Farbspektrums verschluckt (absorbiert). Lacke erhalten so ihr farbiges Aussehen. Bei den Körperfarben wird unterschieden in Erstfarben (Primärfarben) – Gelb, Rot, Blau – und in Zweitfarben (Sekundärfarben) – Orange, Grün, Violett.

❑ Werden die Erstfarben miteinander vermischt, erhält man annähernd Schwarz.
❑ Gelb und Rot ergeben Orange.
❑ Rot und Blau ergeben Violett.
❑ Blau und Gelb ergeben Grün.

## 5.3 Farbordnungssysteme

Der Mensch kann etwa 10 Millionen Farben unterscheiden. Um mit Farben planvoll umgehen zu können und sie mit Genauigkeit nachzubilden, sind Ordnungssysteme erstellt worden (Bild 5.4).
*Farbordnungssysteme* werden anschaulich dargestellt als

❑ Farbtonkarten (Bild 5.4),
❑ Farbkreise (Bild 5.5),
❑ Farbreihen,
❑ Farbdreiecke,
❑ Farbkörper (Bild 5.6).

**Bild 5.4**
Farbtonkarten eines Lackherstellers [1]

**Bild 5.5**
Farbkreis nach
JOHANNES ITTEN

## Das Farbsystem nach DIN 6164

Der DIN-Farbenkörper ist ein auf der Spitze stehender Kegel (Bild 5.6).

An der Spitze des Kegels befinden sich Schwarz und Weiß in der Mitte der nach oben gewölbten Seite (W). Die Linie von der Spitze des Kegels (Schwarz) und der Mitte der Wölbung Weiß (W) wird als *Grauachse* bezeichnet. Die Sättigung (Buntheit) einer Farbe ist umso größer, je weiter sie von der Grauachse entfernt ist. Sie ist umso dunkler, je näher sie bei Schwarz liegt. Der DIN-Farbkegel ist in 7 Sättigungsstufen und 10 Dunkelstufen eingeteilt.

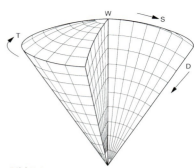

**Bild 5.6**
Schematischer Farbkörper des DIN-Farbsystems zur Beschreibung einer Farbe [1]

## Das RAL-Farbensystem

Im RAL-Farbensystem (RAL = Deutsches Institut für Gütesicherung e.V.) sind in einem Farbenatlas ca. 1700 Farbmuster angeordnet. Es stellt eine Sammlung gebräuchlicher Lackfarben dar und ist zum Bezeichnen der Farben sehr gut geeignet. Jede Farbe hat eine vierstellige Zahl mit einer Kennnummer. Die Farben sind in neun Farbreihen aufgeteilt (Tabelle 5.1).

**Tabelle 5.1**
RAL-Farbenreihen

| 1 | Gelb | RAL 1000-1028 |
|---|---|---|
| 2 | Orange | RAL 2000-2009 |
| 3 | Rot | RAL 3000-3027 |
| 4 | Violett | RAL 4001-4007 |
| 5 | Blau | RAL 5000-5022 |
| 6 | Grün | RAL 6000-6029 |
| 7 | Grau | RAL 700-7043 |
| 8 | Braun | RAL 8000-8025 |
| 9 | Weiß, Aluminium, Schwarz | RAL 9001-9018 |

## 5.4 Metamerie

Das menschliche Auge kann verschiedene Farben als absolut identisch empfinden. Bei unterschiedlichem Licht (künstliches Licht, Tageslicht) sieht das Auge gleich aussehende Farben als ungleich. Die durch das Kunstlicht hervorgerufene Farbtonveränderung muss unter vergleichbaren Verhältnissen geprüft und sehr genau beobachtet werden. Fehlen im Licht bestimmte Farben des Spektrallichtes, dann kann auch die totale Farbwiedergabe nicht stattfinden.

**Bild 5.7**
Kontraste im Buntton

**Bild 5.8**
Kalt-Warm-Kontrast

## 5.5 Farbkontraste

Farbkontraste können erzeugt werden durch
❏ unterschiedliche Farben
   (Kontraste im Buntton; Bild 5.7),
❏ Gegenfarbenkontrast
   (Kalt-Warm-Kontrast; Bild 5.8),
❏ unterschiedliche Helligkeit
   (Hell-Dunkel-Kontrast; Bild 5.9),
❏ unterschiedliche Sättigung
   (Qualitätskontrast; Bild 5.10).

Weitere *Kontrastgefälle* können
❏ durch unterschiedliche Mengen
   (Quantitätskontrast; Bild 5.11),
❏ durch gleiche oder sehr ähnliche Helligkeiten
   (Flimmerkontrast; Bild 5.12)
❏ oder durch simultane Betrachtung
   (Simultankontrast)

**Bild 5.9**
Hell-Dunkel-Kontrast

**Bild 5.10**
Qualitätskontrast

Kontrastarme, schattenlose undifferenzierte Farben vermitteln keine klare Orientierung. Ungünstige Kontrastverhältnisse müssen durch höhere Beleuchtungsstärken ausgeglichen werden.

**Bild 5.11**
Quantitätskontrast

**Bild 5.12**
Rot auf Grün
flimmert.

# 5.6 Farbe und Sicherheit

Farben werden zur Orientierung und Sicherheit eingesetzt.

Die DIN-Norm 2403 und das RAL-Farbregister geben *Farbempfehlungen* für Ordnung, Orientierung und Sicherheit. Sollen Kennzeichnungs-, Ordnungs- und Warnfarben ihren Zweck erfüllen, müssen sie schnell und ohne Nachdenken erkannt werden.

❑ Rot bedeutet unmittelbare Gefahr.

❑ Gelb mahnt zur Vorsicht vor möglichen Gefahren.

❑ Grün signalisiert Gefahrlosigkeit, Auswege aus Gefahr und erste Hilfe.

# 5.7 Farbmessung

Bei der Farbmessung werden die physikalischen Eigenschaften der Farbe erfasst (Bild 5.13). Die Farbbestimmung erfolgt durch eine Spektralanalyse. Das Farbsehen des Auges beruht auf drei Reizzentren Blau, Rot und Grün. Diese drei Grundfarben bilden im Auge ein Farbsystem. In diesem System sind alle Mischungen enthalten.

Das CIE-System (Commission Internationale de'l Èclairage) ist nach diesem Prinzip aufgebaut (Bild 5.14).

**Bild 5.13**
Mobiles Farbtonmessgerät Genius eines Lackherstellers für den Lackierer [1]

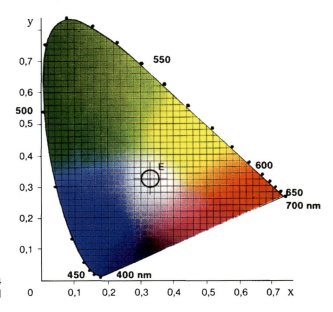

**Bild 5.14**
CIE-Normfarbtafel [1]

Die *Einteilung* ist wie folgt:
- ❑ X für den Rotgehalt,
- ❑ Y für den Grüngehalt,
- ❑ Z für den Blaugehalt.

## 5.8 Farbmischsysteme

Fast alle Lackhersteller liefern Farbmischsysteme. An einer Lackmischanlage (Bild 5.15) können aus etwa 40 Grundtönen mehrere tausend Farbtöne erstellt werden. Die Lackindustrie liefert zum Mischen der Farbtöne die Formeln
- ❑ auf CD-ROM,
- ❑ auf Mikrofilmen,
- ❑ auf Karteikarten,
- ❑ in Büchern.

Das Nachnuancieren selbst gemischter Lacke wird dadurch erleichtert.

**Bild 5.15**
Präzisionswaage an einer Lackmischanlage [3]

## 5.9 Farbtonabweichungen

Farbtonabweichungen können folgende *Gründe* aufweisen:
- ❑ Verwendung von Lacken verschiedener Hersteller.
- ❑ Verwendung unterschiedlicher Lackqualitäten,
- ❑ Anwendung unterschiedlicher Beschichtungsverfahren.

## 5.10 Glanz

Zur Aufrechterhaltung der Oberflächenoptik ist der Glanz sehr wichtig. Der Kunde erwartet neben der guten Beständigkeit und Lichtechtheit der Farben auch eine Beständigkeit gegen *Glanzverluste durch Umwelteinflüsse* wie
- ❑ saure Niederschläge,
- ❑ Insekten- und Vogelausscheidungen oder
- ❑ Baumharze.

# 5.11 Farbcodierung

Die Reparaturlackierung soll keinen Hinweis auf Ausbesserungsarbeiten geben. So ist die Übereinstimmung des Farbtons mit der Altlackierung von entscheidender Wichtigkeit. Welchen Originallack der Fahrzeughersteller verwendet hat, geht aus dem Farbcode hervor. Der Farbcode steht auf kleinen Tafeln, die je nach Automobilhersteller an verschiedenen Stellen des Pkws angebracht sind (Bild 5.16). Mit Hilfe dieser Nummer kann der Originallack vom Hersteller bezogen werden.

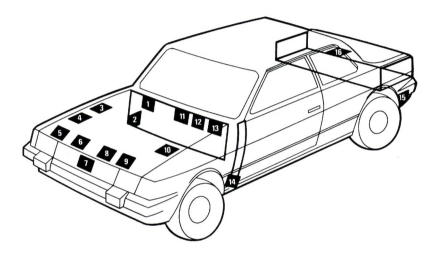

| Hersteller | Lage des Schilds | | Hersteller | Lage des Schilds |
|---|---|---|---|---|
| Alfa Romeo | 16 | | Mercedes | 9, 10 |
| Audi | 7, 16 | | Mitsubishi | 6, 10 |
| Austin Rover | 1, 2, 4, 14 | | Nissan | 8, 10 |
| BMW | 3, 4 | | Opel | 4, 6, 8 |
| Citroën | 1, 3, 10 | | Peugeot/Talbot | 3, 6, 10, 12 |
| Daihatsu | 13 | | Porsche | 14 |
| Fiat/Lancia | 5, 15, 16 | | Renault | 4 |
| Ford | 9 | | Saab | 1, 11, 13 |
| Honda | 13 | | Subaru | 7 |
| Lada | 4 | | Suzuki | 1 |
| Mazda | 1 | | Toyota | 1, 10, 13 |
| | | | Volvo | 6, 12 |
| | | | VW | 7, 15 |

**Bild 5.16**
Hier steht der Farbtoncode am Auto. [4]

## Aufgaben

1. Wie wird vom Menschen Farbe wahrgenommen?

2. Welche Farbmischung wird mit dem folgenden Bild dargestellt?

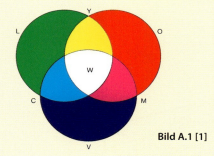

**Bild A.1 [1]**

3. Nennen Sie bei der Körperfarbenmischung die Primärfarben.

4. Nennen Sie bei der Körperfarbenmischung die Sekundärfarben.

5. Wie werden Farbordnungssysteme dargestellt?

6. Wie wird die Achse des DIN-Farbenkörpers genannt?

7. Nennen Sie die RAL-Farbreihen und bezeichnen Sie die Farben mit den Kennnummern.

8. Was bewirkt das Fehlen von Farben im künstlichen Licht?

9. Bezeichnen Sie folgende Kontraste:

**Bild A.2**

10. Was bedeuten die Farben Rot, Gelb, Grün bei Sicherheitskennzeichnungen?

11. Wie erfolgt die Farbmessung?

12. Wie ist das CIE-Farbmesssystem eingeteilt?

13. Welche Gründe können Farbtonabweichungen haben?

14. Nennen Sie Umwelteinflüsse, die Glanzverlust der Oberfläche zur Folge haben.

15. Wie erhalten Sie bei der Reparaturlackierung den richtigen Farbton der Altlackierung?

# 6 Beschichtungstechnik

**6.1 Lackiervorbereitung** – 115

6.1.1 Untergrundvorbereitung – 115

6.1.2 Entrosten – 116

6.1.3 Strahlen – 116

6.1.4 Schleifen – 116

6.1.5 Kunststoff-Vorbehandlung – 118

6.1.6 Wichtige Sicherheitsregeln für den Umgang mit elektrischen Geräten – 119

6.1.7 Abdecken von Karosserieteilen und Fahrzeugen – 119

6.1.8 Technische Merkblätter – 122

6.1.9 Prüfmethoden – 124

**6.2 Reparaturlackierung** – 129

6.2.1 Unterbodenschutz – Konservierung – 129

6.2.2 Reparatur-Oberflächenlackierung – 132

6.2.3 Lackfehler – 161

6.2.4 Lackverunreinigungen und Ursachen – 164

**6.3 Pkw-Serienlackierung** – 173

6.3.1 Lackierwerkzeuge und Anlagen – 177

6.3.2 Luftdruckaufbereitung – 177

6.3.3 Lackierwerkzeuge – 180

# 6.1 Lackiervorbereitung

Der Lackiererfachmann ist immer bestrebt, bei einer Reparaturlackierung die Eigenschaften der Original-Werkstücke zu erhalten. Durch seine Ausbildung und jahrelange Erfahrung kennt er die fachlichen Zusammenhänge und ist in der Lage, bei richtiger Auswahl der Materialien und der entsprechenden Verarbeitungs- und Applizierverfahren eine technisch einwandfreie Lackierung vorzunehmen.

**Bild 6.1**
Serienlackiertes Fahrzeug

## 6.1.1 Untergrundvorbereitung

Eine umfassende Vorbereitung des Untergrundes ist die Basis einer jeden gelungenen Lackierung. Ist das zu lackierende Blechteil neu, unlackiert und unbeschädigt, muss als Erstes entfettet werden.

Das Entfetten darf nicht mit einem Lappen und einem Eimer Verdünnung geschehen – Korrosionsschutzöle und Ziehfette sowie Schmieröle würden somit über die ganze Fläche verteilt werden. Daher muss das Reinigen abschnittsweise mit jeweils frischen Reinigungsmitteln erfolgen. Organische Lösemittel oder wässrige Entfetter werden, mechanisch durch einen Pinsel unterstützt, von oben nach unten aufgetragen. Anschließend wird erneut nachgereinigt.

**Bild 6.2**
Gefüllte Neukarosserie

> **!** *Chlorkohlenwasserstoffe wie «Tri» oder «Per» dürfen in Reparaturlackierereien zum Reinigen nicht mehr eingesetzt werden.*

Wässrige Entfettungsmittel eignen sich nicht bei unzugänglichen Fugen und Spalten. Sie hinterlassen an solchen Stellen, trotz gründlichen Ausblasens, wasserlösliche Rückstände, die später zu Korrosion und/oder Blasen führen.

Nach dem Entfetten muss mit einem sauberen Lappen nachgerieben werden. Spalten sind mit Pressluft auszublasen.

Mit einem Hochdruckstrahlgerät (kalt ab 150 bar) oder einem Dampfstrahlgerät (100 bar, 60 °C bis 90 °C) ist das Entfetten auch möglich.

Hier werden dem Reinigungswasser spezielle benetzungsverbessernde Zusätze (Tenside) beigegeben.

In allen Fällen sind die Abwasservorschriften unbedingt einzuhalten.

**Bild 6.3**
Farbtonmessung

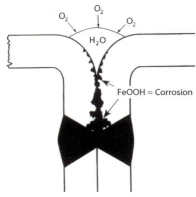

**Bild 6.4**
Entstehung von Rost

### 6.1.2 Entrosten

Das Entrosten kann chemisch oder mechanisch erfolgen. Die chemische Entrostung sollte nicht verwendet werden, da die rostbeseitigenden Chemikalien in Ritzen und Spalten eindringen. Hier sind sie nur sehr schlecht wieder zu entfernen, und es kann dadurch zu späteren Korrosionsbildungen kommen. In Lackierwerkstätten geht man daher mechanisch vor. In diesem Bereich hat sich der Trockenschliff immer mehr durchgesetzt. Es wird mit grobkörniger Fiberscheibe (P24-P60) oder metallschonend, z. B. mit Scotch-Brite SCD, geschliffen.

### 6.1.3 Strahlen

Die gründlichste und schnellste Entrostungsmethode ist das Strahlen. Bei diesem Verfahren werden Strahlmittel unter hoher Geschwindigkeit auf die Oberfläche des zu bearbeitenden Objektes geschleudert. Durch den Aufprall des Strahlmittels werden auch Rost und Verunreinigungen aus der Tiefe entfernt.

Strahlmittel für Aluminium und Verzinkungen müssen eisenfrei sein, da Eisenrückstände die Korrosion fördern würden. Kunststoffe werden mit weichen Strahlmitteln wie z. B. Kunststoffgranulat, Glasperlen oder Nussschalen gestrahlt.

**Bild 6.5**
Mobiles Strahlgerät

**Rautiefe**
Beim Strahlen entsteht durch das Strahlmittel eine raue Oberfläche. Die so genannte Rautiefe sollte wegen der Neigung des Lackes zur Kantenflucht maximal $1/_3$ der Gesamtschichtdicke sein.

### 6.1.4 Schleifen

Das Schleifen als Untergrundvorbehandlung hat mehrere Aufgaben. Es soll Unebenheiten glätten, zu glatte Oberflächen aufrauen, Schmutz, Verunreinigungen und Korrosionsprodukte entfernen. Das Schleifen kann von Hand oder mit Maschinen durchgeführt werden.

**Stahlbleche** werden mit Silikonentferner gereinigt, mit dem Excenter mit Schleifpapier P120...P180 trocken angeschliffen, entstaubt und nochmals mit Silikonentferner gereinigt.

**Bild 6.6**
Sicherheitsbestimmungen müssen bei den Entrostungsarbeiten dringend eingehalten werden.

Bei **verzinnten Flächen** muss ein besonderes Augenmerk auf die restlose Entfernung des Flussmittels gerichtet werden.

Aus diesem Grund sollte – vor allem im Randbereich – mit einem alkalischen Entfettungsmittel gereinigt und anschließend mit Wasser gründlich nachgewaschen werden. Danach ist die komplette Fläche mit einem Blechreinigungsmittel nochmals zu säubern.

Für **verzinkte Untergründe** werden galvanische und sendzimirverzinkte Bleche verwendet. Diese werden auch zuerst mit Silikonentferner gereinigt und anschließend mit rotem Schleifpad oder mit Excenter mit Schleifpapier P240…P320 geschliffen, mit Pressluft abgestaubt und wiederholt mit Silikonentferner abgewischt.

Bei Verwitterungsprodukten hat sich die **ammoniakalische Netzmittelwäsche** unter Verwendung von Perlon-Schleifvlies (Schleifpad) bewährt. Die Mischung besteht aus 1 l Wasser mit 25 ml (25-prozentigem) Salmiakgeist und ein paar Tropfen Spülmittel. Beim Nassschleifen mit dieser Mischung und Schleifpad entsteht ein grauer Schaum, der ca. 10 Minuten einwirken soll. Anschließend muss mit sauberem Wasser gründlich nachgewaschen werden.

Die verzinkten Bleche dürfen aber nicht zu stark geschliffen werden, da sonst die dünne Zinkschicht zu stark beschädigt wird und dadurch der Korrosionsschutz abnimmt.

Phosphorsäure als Reinigungsmittel ist ungeeignet, da es die Zinkschicht zerstört.

Zur *persönlichen Schutzausrüstung* bei **ammoniakalischer Netzmittelwäsche** gehören

- ❏ Schutzbrille,
- ❏ salmiakbeständige Schutzhandschuhe,
- ❏ Atemschutzmaske mit Filter K-grün.

**Bild 6.7**
Aufstreichen einer Verzinnungspaste

**Bild 6.8**
Erwärmen der Verzinnungspaste

**Bild 6.9**
Galvanisch verzinkte Rahmenteile

**Bild 6.10**
Bei Netzmittelwäsche muss ein Atemschutz verwendet werden.

**Bild 6.11**
Der Honda NSX ist seit März 2007 auf dem deutschen Markt. Er ist der erste Serien-Pkw, dessen Karosserie komplett aus einer Aluminiumlegierung besteht.
[Quelle: Honda]

**Bild 6.12**
Demontage einer Stoßstange aus Kunststoff

**Bild 6.13**
Vorbehandlung eines Kunststoffteils

## Aluminium

Dieser Werkstoff wird nach dem Nutzfahrzeugsektor nun auch im Pkw-Bereich verstärkt eingesetzt.

Die Oberfläche von Aluminium ist sehr plan, und es besteht die Gefahr von Adhäsionsmangel bei einem nachfolgenden Lackauftrag.

Das Schleifen sollte hier auch trocken mit dem Excenter mit Schleifpapier P120...P180 oder Schleifpad durchgeführt werden. Vor und nach dem Schleifen muss der Untergrund auch gründlich entfettet werden.

## Kunststoffe

Kunststoffe können heute in vielen Farbtönen von matter bis hochglänzender Oberfläche hergestellt werden. Dennoch werden sie aus folgenden *Gründen* sehr häufig lackiert:

❑ **Schutz**
Feuchtigkeit und UV-Licht verändern die Kunststoffoberfläche; es kommt zum Ausbleichen des Farbtons und zur Korrosion der Oberfläche.
❑ **Ästhetik**
Die Kunststoffe können nicht in allen individuellen Farbtönen eingefärbt werden. Ein optimaler Farbglanz kann auch nicht erreicht werden.

### 6.1.5    Kunststoff-Vorbehandlung

Kunststoffe werden in speziellen Formen und Pressen produziert. Damit die Teile ohne Probleme aus den Formen genommen werden können, verwendet man Trennmittel. Diese Trennmittel können bei nicht vollständiger Entfernung stark haftungsmindernd auf die nachfolgende Lackschicht sein. Daher müssen die Kunststoffoberflächen auch vorbehandelt werden.

## Tempern

Die Kunststoffoberfläche wird 60 Minuten auf 60 °C erwärmt, dadurch können die Trennmittel und Gase «ausschwitzen». Die inneren Spannungen im Kunststoffgefüge werden reduziert. Danach erfolgt eine gründliche Reinigung mit Silikonentferner oder Kunststoffverdünnung. Zur Unterstützung des Reinigungseffektes kann ein feines Schleifpad verwendet werden.

Mit weichen Bürsten und Hochdruckreiniger können die Kunststoffteile ebenfalls gesäubert werden. Eine er-

**Bild 6.14**
Kunststoffteile werden vor der Lackierung getempert.

**Bild 6.15**
Frisch lackiertes Kunststoffteil

neute Temperung (Dauer 20 Minuten bei 60 °C) muss zur restlosen Entfernung der Reinigungsmittelrückstände noch einmal erfolgen.

## 6.1.6 Wichtige Sicherheitsregeln für den Umgang mit elektrischen Geräten

❑ Alle Reparaturen an elektrischen Geräten dürfen nur von Elektrofachkräften durchgeführt werden.
❑ Defekte Geräte dürfen nicht verwendet werden; sie müssen von einer Elektrofachkraft instand gesetzt werden.
❑ Nur Geräte benützen, die das Zeichen VDE und/oder GS haben.
❑ Elektrische Geräte müssen alle 6 Monate von einer Elektrofachkraft überprüft werden.

| Zeichen | Benennung und erteilende Stelle | Bedeutung |
|---|---|---|
| VDE | **VDE-Zeichen** Erteilung durch VDE-Prüfstelle | Gerät ist entsprechend den VDE Bestimmungen gebaut |
| GS | Zeichen für **Geprüfte Sicherheit** Erteilung durch eine vom Bundesarbeitsministerium benannte Prüfstelle, z. B. TÜV oder VDE | Das Gerät entspricht den sicherheitstechnischen Anforderungen des Gesetzes für technische Arbeitsmittel (GTA). |
| ⒫N | **Funkschutzzeichen** Erteilung durch VDE-Prüfstelle | Gerät ist funkentstört: G Grob N Normal K Kleinstörgrad |

**Bild 6.16**
Sicherheitskennzeichnung von elektrischen Geräten

## 6.1.7 Abdecken von Karosserieteilen und Fahrzeugen

Das sorgfältige Abdecken der nicht zu lackierenden Flächen ist ein sehr wichtiger Arbeitsschritt in der Neulackierung. Diese Flächen und Teile müssen vor dem Spritznebel und den direkten Übergang vom Spritzstrahl der Lackierpistole geschützt werden.

Zum Abdecken werden vorwiegend Papier, Folie und Klebeband verwendet. Die Abdeckmaterialien dürfen von dem Lackmaterial nicht durchdrungen oder gelöst werden.

**Bild 6.17**
Sorgfältig abgedecktes Türteil

**Bild 6.18**
Abdeckpapierständer

**Bild 6.19**
Abklebeband

**Bild 6.20**
Abdeckfolie

### Abdeckpapier
Die nicht zu lackierenden Teile werden auch heute noch am häufigsten mit speziellem Abdeckpapier geschützt. Die Industrie bietet dafür Ständer mit Schneidevorrichtung an.

Häufig wird gleichzeitig mit dem Abrollen des Papiers auf einer Seite ein spezielles Klebeband so aufgeklebt, dass es mit halber Breite über den Papierrand hinausragt und einen selbstklebenden Rand bildet.

Der Einsatz von Zeitungspapier ist nicht mehr fachgerecht, Durch die ungenügende Lack- und Lösemittelbeständigkeit kann es zu Problemen kommen.

### Abklebeband
An die Klebebänder werden verschiedene Anforderungen gestellt. Sie müssen wasserresistent und wärmebeständig sein. Die Haftung soll auf allen vorkommenden Untergründen – wie lackierten Flächen, Chrom Glas, Gummi, Kunststoff und Papier – gleich gut sein. Nach der Trocknung müssen sie rückstandslos von der Kfz-Oberfläche abziehbar sein. Sie müssen so scharfkantig abkleben, dass kein flüssiger Lack darunterlaufen kann. Sie müssen dehnbar sein, ohne einzureißen, damit sie auf gekrümmten Flächen oder in Bogen faltenfrei verklebt werden können.

### Abdeckfolie
Es werden lösemittel- und lackbeständige Folien eingesetzt, die auch wärmebeständig sind. Die dünnen reißfesten Folien sind für schnelle große Abdeckarbeiten sehr gut geeignet. Man verarbeitet die Folie, indem man mit einem speziellen Abrollwagen vor das Fahrzeug fährt, die Folie über das Objekt zieht und an der Seite mit einem Klebeband befestigt.

### Abdeckhaube
Für zeitsparende Abdeckarbeiten können spezielle Abdeckhauben, die aus einer leicht eingefärbten Folie bestehen, verwendet werden.

### Abklebe- und Abdeckarbeiten
Das Abdecken hat sehr sorgfältig zu geschehen. Besondere Aufmerksamkeit erfordert das Abdecken von Gummirahmen und -dichtungen an Scheiben, Leuchten, Türen, Motorraum- und Heckklappe. Hier fallen Farbnebel und Farbränder bei den meist dunklen Profilen besonders auf.

## Abdecken von Fahrzeugkonturen

Zum Abdecken von Fahrzeugkonturen wird ein etwa 19 mm breites Abdeckband verwendet. Die Kante des Klebebandes muss gut angedrückt werden. So können das Unterlaufen des Lackes oder unregelmäßige Ränder vermieden werden. Nach Beendigung der Arbeiten lässt sich das Band leichter entfernen, wenn das bearbeitete Teil noch warm ist.

## Abdecken von Öffnungen

Die abzudeckenden Bereiche (Spalten an Türen, Motorhauben, Kofferraumdeckeln) müssen vor dem Anbringen des Klebebandes gründlich gereinigt und entfettet werden. Das Klebeband wird in der erforderlichen Länge abgeschnitten und an der festen Kante der Öffnung angebracht, wobei das Band von der Außenkante zurückgesetzt wird. Es muss darauf geachtet werden, dass das Band nicht gedehnt wird. Nach dem Befestigen muss noch einmal überprüft werden, ob die Öffnung richtig abgedeckt ist.

## Abdecken von Fenstergummileisten

Das Band wird auf die benötigte Länge zugeschnitten (max. 30 cm). Anschließend werden der Plastikstreifen unter die Gummileiste geschoben und das Trägerpapier entfernt, so dass der selbstklebende Streifen freiliegt. Das Band muss nachher umgefaltet und am Glas festgeklebt werden. Dabei ist darauf zu achten, dass der Plastikstreifen nicht herausrutscht. Erst danach kann die Papiermaske angelegt werden.

## Abdecken von Gummileisten großer Windschutzscheiben

Zuerst muss ein spezielles Klebeband (z. B. 3M Lift-Tape) wenige Zentimeter in den Applikator geschoben werden. Anschließend wird mit der schmalen Seite des Applikators das Klebeband zwischen Karosserie und Gummi eingeführt. Durch Entlangziehen des Werkzeuges zwischen Karosserie und Gummi platziert sich das Band optimal und hebt dabei den Gummi an. Zum Schluss müssen lose Enden mit einem Standard-Abdeckband fixiert werden.

## Abdecken des ganzen Fahrzeuges für Partie-Lackierung

Das Folienabrollgerät wird an einem Ende des Fahrzeuges aufgestellt. Zuerst muss sichergestellt werden,

**Bild 6.21**
Abdecken mit Klebeband

**Bild 6.22**
Abdecken von Öffnungen

**Bild 6.23**
Abdecken von Gummileisten an großen Windschutzscheiben

**Bild 6.24**
Abdecken mit Papier und Folie bei einer
Partie-Lackierung

**Bild 6.25**
Abdeckarbeiten für Lackierungen im
Türfalzbereich

**Bild 6.26**
Kurvenband für Designlackierungen

dass die Folie mit der richtigen Seite nach oben einge-
legt ist. Anschließend wird die Abdeckfolie über das
Fahrzeug bis zum anderen Ende gezogen. Wenn die Folie an beiden Enden bis auf den Boden reicht, kann sie
abgeschnitten werden. Als nächster Schritt wird die Folie
auseinandergefaltet; dazu wird nacheinander an beiden
Seiten die Folie untergegriffen und ausgebreitet. Nun
kann der zu lackierende Bereich ausgeschnitten werden.
Die Ränder müssen zum Schluss noch mit dem Abdeckband gründlich fixiert werden.

**Farblinien- und Schablonenband
für saubere Lackkanten**
Bevor das Band angebracht werden kann, müssen alle
abzudeckenden Bereiche gründlich gereinigt und entfettet werden. Um das gewünschte Streifendesign zu
bekommen, hebt man anschließend einzelne oder mehrere Streifen an und zieht diese ab.

Im nächsten Schritt werden die Bänder direkt von der
Rolle aufgetragen und entlang des gesamten Applika-
tionsbereiches gut in Position angedrückt und befestigt.
Diese Bänder haben einen extrem dünnen Träger, der
eine sehr saubere und exakte Lackkante erzeugt.

**Kurvenband für Designlackierungen
und strukturierte Stoßstangen**
Hier werden auch wieder im ersten Schritt alle abzudeckenden Bereiche gründlichst gereinigt und entfettet.
Im zweiten Schritt werden die Bänder direkt von der
Rolle aufgetragen und entlang des gesamten Lackier-
bereiches der Form entsprechend angedrückt und befestigt.

Diese Bänder sind auf einem sehr flexiblen Träger aufgebracht und zeichnen sich durch eine sehr gute Kur-
vengängigkeit aus. Dies ermöglicht es, dass die Kur-
venbänder auch auf strukturierten Kunststoffen sauber
anzudrücken sind.

### 6.1.8   Technische Merkblätter

Jeder Hersteller von Lacken stellt für seine Produkte
Technische Merkblätter bzw. Technische Informationen
zur Verfügung.

In diesen Merkblättern sind alle wichtigen Verarbei-
tungsinformationen für den Anwender beschrieben. Für
den Lackierer ist es wichtig, vor dem Einsatz der Werk-

## Technische Information

**923-335**

11/2006

## Glasurit® HS-Multi-Klarlack VOC

# K

| | |
|---|---|
| Anwendung: | HS-Klarlack für 2-Schichtlackierungen Reihe 90. |
| Eigenschaften: | Festkörperreich (High Solid), sichere Applikationseigenschaften, ausgezeichneter Verlauf und gute Ausspannung, Topdecklackstand für hochwertige Fahrzeuglackierungen. Weiter zeichnen ihn schnelle Trocknung bei hoher Oberflächenhärte, Polierfähigkeit und Abklebfestigkeit aus. |
| Anmerkungen: | ■ Härtertyp und Einstellzusatz je nach Temperatur und Objektgröße auswählen. |
| | ■ 2004/42/IIB(d)(420)419: Der innerhalb der EU vorgeschriebene VOC-Grenzwert für dieses Produkt (Produktkategorie: IIB d) in gebrauchsfertiger Einstellung beträgt max. 420 g/l. Dieses Produkt hat einen VOC-Gehalt von 419 g/l. |

| | | | | |
|---|---|---|---|---|
| | Lackaufbau | V 8 VOC | | |
| | | | **Ergiebigkeit** | 330 m²/l bei 1 µm |
| | Mischungsverhältnis | 2 : 1  + 10% 100 Vol.% 923-335 | | |
| | Härter | 50 Vol.% 929-33/-31 | | |
| | Verdünnung | 10 Vol.% 352-91/-216 | | |
| | Spritzviskosität DIN 4 20°C | 20 -22 s | **Potlife 20°C** | 2 h |
| | Fließbecher Spritzdruck | HVLP-Pistole: 1,2 - 1,3 mm 2,0 – 3,0 bar /0,7 bar Düseninnendruck | Compliant Fließbecherpistole 1,2 – 1,4 mm 2,0 bar | |
| | Spritzgänge | 2 | **Schichtdicke** | 50 - 70 µm |
| | | ½ + 1 ohne Zwischenablüftzeit auf senkrechten Flächen möglich | **Schichtdicke** | ca. 50 µm |
| | Ablüftzeit 20°C | 3 Min. zwischen den Spritzgängen | | |
| | Trocknung:    20°C                    60°C | 10 h 30 Min. | | |
| | Infrarot  ( kurzwellig ) ( mittelwellig ) | 8 Min. 10 – 15 Min. | | |

**Bild 6.27**
Technisches Merkblatt Klarlack

## Technische Information

**285-100 VOC**

10/2008

## Glasurit® Rapidfüller VOC, weiß

# F

### 2. Nass-in-Nass-Füller / Haftvermittler bei Beschriftungen

| | Anwendung | Nass-In-Nass-Füller | Haftvermittler für Beschriftungen |
|---|---|---|---|
| | Lackaufbau | | |
| | Ergiebigkeit | 375 m²/l bei 1 µm | 360 m²/l bei 1 µm |
| | Mischungsverhältnis | 4 : 1 : 1 100 Vol.% 285-100 VOC | 4 : 1 + 30% 100 Vol.% 285-100 VOC |
| | Härter | 25 Vol.% 929-53, -51 | 25 Vol.% 929-53, -51 |
| | Verdünnung | 25 Vol.% 352-91 | ca. 30 Vol.% 352-91 |
| | Spritzviskosität DIN 4 20°C | 18 –21 s | 16 – 18 s |
| | Potlife 20°C | 2 h | 2 h |
| | Fließbecher Spritzdruck | HVLP-Pistole: 1,2 - 1,3 mm 2,0 – 3,0 bar /0,7 bar Düseninnendruck | Compliant Fließbecherpistole 1,2 – 1,4 mm 2,0 bar |
| | Spritzgänge | 2 | 1 |
| | Schichtdicke (Trockenfilm) | 20 - 30 µm | 10 - 15 µm |
| | Ablüftzeit 20°C | 15 - 20 Min. | 15 Min. |

**Bild 6.28**
Technisches Merkblatt Füller

stoffe das Technische Merkblatt zu lesen und anschließend nach diesen Vorgaben und Empfehlungen die Materialien zu verarbeiten.

Anhand dieser Vorgaben sollte der Verarbeiter in der Lage sein, die Werkstoffe im richtigen Mischungsverhältnis anzusetzen, die Viskosität korrekt einzustellen und die Verarbeitungsbedingungen und -abläufe (Temperatur, Spritzgänge) so anzuordnen, dass das bestmögliche Ergebnis bei der Verarbeitung zu erzielen ist.

Folgende *wichtige Informationen* sind in den Technischen Merkblättern aufgeführt:

- ❑ Eigenschaften,
- ❑ Anwendung,
- ❑ Mischungsverhältnis mit anderen Komponenten wie Härter und Lösemittel,
- ❑ Spritzviskosität,
- ❑ Topfzeit,
- ❑ Verarbeitung,
- ❑ Verarbeitungswerkzeuge und Geräte,
- ❑ Ablüftzeit,
- ❑ Trocknungszeiten,
- ❑ Schleifarbeit.

**!** ● *Die Verarbeitung der Werkstoffe muss nach den Angaben des Technischen Merkblattes erfolgen; nur so kann das bestmögliche Ergebnis erzielt werden.*

### 6.1.9 Prüfmethoden

Falsch eingestellte Werkstoffe und Verarbeitungsfehler führen fast immer zu Oberflächenmängeln wie Verlaufs- und Glanzstörungen, Rissbildungen, Haftungsproblemen, Farb- und Effektveränderungen. Der Lackierer sollte die Verarbeitungsvorschriften des Werkstoffherstellers kennen und beachten. Er muss auch den Untergrund beurteilen und prüfen, ob dieser für die nachfolgenden Arbeiten und Materialien geeignet ist.

**Messung der Nassschichtdicke von Beschichtungen**
Zum Erreichen der geforderten Trockenschichtdicke eines Lackes muss eine bestimmte Nassschichtdicke aufgetragen werden. Ist der nichtflüchtige Anteil des Werkstoffes (Bindemittel, Pigment und Füllstoff) bekannt, kann aus der Nassschichtdicke die Trockenschichtdicke errechnet werden.

**Bild 6.29**
Lackauftrag im Spritzverfahren

Wird ein Lackmaterial mit einem Festkörperanteil von 56% verarbeitet und es soll eine Trockenschichtdicke von 90 μm erreicht werden, muss das Lackmaterial eine Nassschichtdicke von ca. 160 μm haben.

Die Nassschichtdicke wird unmittelbar nach dem Auftragen des Anstrichstoffes bestimmt.

Man verwendet für die Nassschichtdickenmessung zwei einfache mechanische *Geräte*:

❏ das **Exzenterrad**
Ein scheibenförmiges Messgerät wird auf einer noch nassen Beschichtung abgerollt;

**Bild 6.30**
Exzenterrad zur Ermittlung der Nassschichtdicke

❏ das **kammförmige Nassschichtdicken-Messgerät**
Der Messkörper wird unmittelbar nach dem Auftragen der Beschichtung senkrecht auf das Material aufgesetzt. Unter mäßigem Druck erfolgt eine kurze kämmende Bewegung. Anschließend wird das Messgerät wieder senkrecht abgehoben. Beim ersten mit Beschichtungsstoff benetzten Zahn wird die Nassschichtdicke an der Skala abgelesen.

**Messung der Trockenschichtdicke von Anstrichen**
Trockenfilmdickenmessungen werden oft durchgeführt, um eine Lackierung oder einen Lackschaden beurteilen zu können. Man erfährt bei dieser Prüfung, wie gleichmäßig, ob zu dünn oder zu dick, ob mehrfach lackiert oder gar gespachtelt wurde.

Es gibt auch hier verschiedene *Prüfmethoden*:

**Messmethode mit Zerstörung der Beschichtung**
Die Beschichtung wird an der Prüfstelle vorsichtig etwa 4 mm breit bis zum Untergrund abgelöst. Anschließend setzt man die Messuhr, die einen freibeweglichen Taster zwischen zwei starren Füßen hat, vorsichtig auf die zu prüfende Fläche. Der bewegliche Taster kann nun den entschichteten Untergrund erfassen.

Die Schichtdicke wird nun am Gerät in μm abgelesen.

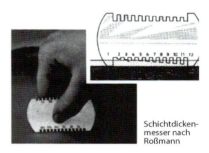

Schichtdickenmesser nach Roßmann

**Bild 6.31**
Kammförmiges Nassschichtdicken-Messgerät

**Bild 6.32**
Messuhr nach Rossmann

**Messmethoden ohne Zerstörung der Beschichtung**
*Die magnetische Schichtdickenmessung*
Hier können nicht-magnetische Schichten auf einem magnetischen Untergrund, wie Eisenmetallen, gemessen werden. Hierbei wird die schichtdickenabhängige Anziehungskraft eines Permanentmagneten mit einer gespannten Feder gemessen. Die Ablesegenauigkeit liegt bei 5 μm. Aber Vorsicht: Bei verzinkten Karosserieteilen muss vorher die Schichtdicke des Zinkes gemessen und abgezogen werden. Zink ist nicht magnetisch und wird deshalb wie eine Beschichtung gemessen.

**Bild 6.33**
Magnetisches Verfahren

**Bild 6.34**
Magnetisch-induktives Verfahren

*Magnetisch-induktives Verfahren*
Bei diesem System wird der magnetische Fluss in einer Sonde gemessen und daraus die Schichtdicke bestimmt.

*Wirbelstromverfahren*
Hier werden Wirbelströme im leitenden Untergrund erzeugt, die von einer Sonde messbar aufgenommen werden.

**Gitterschnittprüfung**
Eine gute **Haftfestigkeit** auf dem Untergrund ist eine zwingende Voraussetzung für eine dauerhafte Haltbarkeit des Lackanstriches.

**Adhäsion** (lat.: *adhaerere* = aneinanderhaftend) ist die Anhangskraft zwischen zwei verschiedenen Stoffen. Diese Kraft bewirkt, dass der Lackfilm auf dem Untergrund haften bleibt.

**Bild 6.35**
Trockenfilmmessgerät

**!** *Ist keine ausreichende Adhäsionskraft vorhanden, trennt sich der Anstrich vom Untergrund.*

Folgende Maßnahmen der Untergrundvorbereitung haben eine große Bedeutung für die Adhäsion der Neubeschichtung:
❑ Die komplette Oberfläche muss fett-, öl- und wachsfrei sein. Es dürfen keine Verunreinigungen und Trennmittel vorhanden sein.
❑ Der Untergrund darf nicht zu glatt sein.
❑ Rost muss vollständig entfernt sein.

**Bild 6.36**
Haftzugprüfgerät

**Bild 6.37**
Eine sich ablösende Lackschicht

Die **Kohäsionskraft** (lat.: *cohaerere* = Zusammenhalt) ist die Zusammenhangskraft in einem Stoff.

Der Zusammenhalt eines Stoffes wird durch die gegenseitige Anziehung zwischen den Molekülen verursacht. Innerhalb einer Beschichtung wird die Kohäsion durch die Art und Menge des Bindemittels sowie durch die Art und Menge der eingesetzten Pigmente und Füllstoffe bestimmt.

Der *Aggregatzustand* eines Stoffes bestimmt die Größe der Kohäsionskraft:

❏ Gasförmige Stoffe haben geringe Kohäsionskräfte.
❏ Flüssige Stoffe haben mäßige Kohäsionskräfte.
❏ Feste Stoffe haben große Kohäsionskräfte.

**Bild 6.38**
Dornbiegegerät

***Eine Beschichtung kann nur so gut sein,
wie es sein Untergrund zulässt.***

Mit der Gitterschnittprüfung lassen sich die Adhäsion von ein- oder mehrschichtigen Lackierungen auf dem Untergrund sowie die Haftfestigkeit einzelner Farbschichten untereinander ermitteln.

Hierbei werden nach DIN EN ISO 2409 zwei sich im rechten Winkel schneidende Schnittbänder mit je sechs parallelen Schnitten in den Film gezogen. Es entsteht ein Gitter mit 25 Quadraten.

Die Schnitte müssen zum Untergrund durchdringen, dürfen ihn aber nicht verletzen. Anschließend wird ein Klebeband auf der Oberfläche angebracht, mit leichtem Druck angerieben und ruckartig abgezogen.

**Bild 6.39**
Gitterschnitt-Prüfgerät

Der Gitterschnitt wird mit einer Handbürste in beiden diagonalen Richtungen mit leichtem Druck je 5-mal hin und her gebürstet. Bewertet wird die abgelöste Anzahl von Beschichtungsquadraten unter einer Lupe.

Mit den Kennwerten zwischen Gt 0 = sehr gut und Gt 5 = sehr schlecht, die durch einen Vergleich mit entsprechenden Bildvorlagen bestimmt werden, wird die Haftfestigkeit der geprüften Beschichtungen benotet (Tabelle 6.1).

Ab dem Gt-3-Wert ist keine ausreichende Haftung des Anstrichs auf Untergrund vorhanden, und der komplette Altanstrich / die Grundierung muss entfernt werden.

**Bild 6.40**
Gt 1

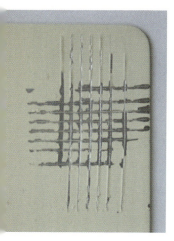

**Tabelle 6.1**
Gitterschnitt-Kennwerte

| Gitter-schnitt-Kennwerte | Beschreibung |
|---|---|
| GT 0 | Die Schnittränder sind vollkommen glatt, kein Teilstück des Anstriches ist abgeplatzt. |
| GT 1 | An den Schnittpunkten der Gitterlinien sind kleine Splitter des Anstriches abgeplatzt; abgeplatzte Fläche etwa 5% der Teilstücke. |
| GT 2 | Der Anstrich ist längs der Schnittränder und/oder an den Schnittpunkten der Gitterlinien abgeplatzt; abgeplatzte Fläche etwa 15% der Teilstücke. |
| GT 3 | Der Anstrich ist längs der Schnittränder teilweise oder ganz in breiten Streifen abgeplatzt und/oder der Anstrich ist von einzelnen Teilstücken ganz oder teilweise abgeplatzt; abgeplatzte Fläche etwa 35% der Teilstücke. |
| GT 4 | Der Anstrich ist längs der Schnittränder in breiten Streifen und/oder von einzelnen Teilstücken ganz oder teilweise abgeplatzt; abgeplatzte Fläche etwa 65% der Teilstücke. |
| GT 5 | Abgeplatzte Fläche mehr als 65% der Teilstücke. |

## Aufgaben

1. Warum sollte grundsätzlich vor jeder Beschichtung eine Untergrundanalyse durchgeführt werden?

2. Nennen Sie die Lösemittel, die für die Reinigung von Untergründen nicht eingesetzt werden dürfen.

3. Welche persönliche Schutzausrüstung muss bei einer ammoniakalischen Netzmittelwäsche auf verzinkten Untergründen verwendet werden?

4. Weshalb müssen neue Kunststoffteile vor der Bearbeitung gereinigt werden?

5. Nennen Sie vier wichtige Sicherheitsregeln für den Umgang mit elektrischen Geräten.

6. Welche Abdeckmaterialien werden für das Abdecken von Karosserieteilen verwendet?

7. Beschreiben Sie die Abdeckarbeiten von Fenstergummileisten.

8. Nennen Sie wichtige Informationen, die in Technischen Merkblättern aufgeführt sind.

9. Welche verschiedenen Messmethoden können zur Ermittlung einer Trockenschichtdicke angewendet werden?

10. Beschreiben Sie den Unterschied zwischen Adhäsion und Kohäsion.

11. Erklären Sie die Gitterschnittprüfung.

# 6.2 Reparaturlackierung

## 6.2.1 Unterbodenschutz – Konservierung

### Steinschlagschutz

Dauerelastische, gut haftende und wasserabstoßende Steinschlagschutzmaterialen werden im Schwellenbereich oder im unteren Frontbereich über die Grundierung oder den Füller gespritzt. Das Material ist wasserverdünnbar, schleif- und überlackierbar.

**Bild 6.42**
Korrosionsschutzmaßnahme nach einer Unfall-Reparaturlackierung: Aufbringen des Unterbodenschutzes [1]

### Unterbodenschutz

Der Unterbodenschutz ist ein vollkommener Überzug in steinschlaggefährdeten Bereichen wie Unterboden oder Radhäuser. Die Fahrzeuge werden ab Werk mit dauerelastischem Unterbodenschutz (Dicke ca. 1,5 mm) ausgestattet. Der Unterbodenschutz ist eine der wichtigsten Korrosionsschutzmaßnahmen, die im Herstellerwerk aufgebracht werden. Neben gutem Korrosionsschutz zeigen die behandelten Teile eine gewünschte Antidröhnwirkung und Dämpfungseigenschaften bei Blechvibrationen.

Wird die Schutzschicht beim Unfall bzw. bei der anschließenden Reparatur verletzt, muss hinterher ausgebessert oder erneuert werden. Beschädigungen des Unterbodenschutzes können auch durch zu hohe Druckeinstellung am HD-Gerät und/oder zu hohe Temperatur entstehen. Wird der Hochdruckstrahl zu nahe auf die Fläche gehalten, schneidet er wie ein Messer in die Schicht ein. Dadurch gelangt Feuchtigkeit zwischen Unterbodenschutz und Karosserieblech. Korrosionsbildung findet statt. Das Entfernen des Unterbodenschutzes sollte nur mit dem Heißluftfön und/oder Spachtel durchgeführt werden. Beim Abbrennen würden giftige Schwelgase entstehen. Das Material zum Ausbessern des Unterbodenschutzes sollte auf der Zusammensetzung des Originalmaterials basieren. Die Struktur der gespritzten Oberfläche ist grob. Das Material kann ebenfalls überlackiert werden.

### Hohlraumkonservierung

Hohlräume werden mit Hohlraum-Konservierungsmitteln – meist auf Wachsbasis – gegen Korrosion geschützt. Diese Mittel sind wasserabweisend, kriechfähig und nach dem Abtrocknen wachsartig. Um das Material in die abgeschlossenen Räume einer Fahrzeugkarosserie

**Bild 6.43**
Korrosionsschutzmaßnahme nach einer Unfall-Reparaturlackierung: Aufbringen des Steinschlagschutzes durch den Lackierer [1]

**Bild 6.44**
Karosserieschutzmaßnahme nach einer
Unfall-Reparaturlackierung: Ausspritzen
eines Motorlängsträgers mit Hohlraumkonservierung durch den Lackierer [1]

zu bekommen, werden Sonden unterschiedlicher Länge mit verschiedenen Düsen verwendet. Man benötigt auch Düsen, die rückwärts sprühen, damit auch der Bereich um das Einsprühloch herum benetzt wird. Die Einsprühlöcher werden danach mit Stopfen verschlossen. Während der Unterbodenschutz in einer Dicke von 0,5 mm bis 2 mm aufgetragen wird, erreicht das Hohlraum-Konservierungsmittel nur Schichtdicken von 0,1 bis 0,4 mm. Das wachsartige Material trocknet plastisch und leicht klebrig an, es bleibt auch bei Kälte elastisch. Der Tropfpunkt ist genügend hoch eingestellt, damit das Material im Sommer nicht wegläuft. Beim Einspritzen des Materials in die Hohlräume ist besonders darauf zu achten, dass es nicht an anderen Öffnungen und Spalten heraussspritzt und Polster, Himmel, Verkleidungen und Sicherheitsgurte verschmutzt. Zum Teil wird auch ein Heißwachsfluten, z. B. bei VW, angewendet. Alle Automobilhersteller schreiben nach einer Karosseriereparatur das Versiegeln der Hohlräume nach dem Ersetzen von Blechteilen oder Teilstrukturen vor.

Die Hohlraumkonservierung ist nach einem fahrzeugtypenbezogenen Plan vorzunehmen (Bild 6.48); der Ablauf ist in der Bildfolge 6.49 gezeigt.

**Bild 6.45**
Karosserieschutzmaßnahme nach einer
Unfall-Reparaturlackierung: Ausspritzen
einer Autotür mit Hohlraumkonservierung
durch den Lackierer

**Bild 6.46**
Karosserieschutzmaßnahme nach einer
Unfall-Reparaturlackierung: Ausspritzen
von Unterbodenblechen mit Hohlraumkonservierung durch den Lackierer

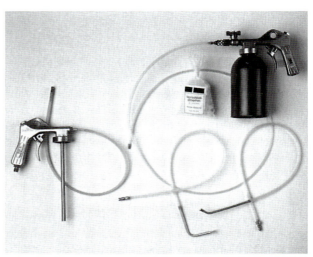

**Bild 6.47**
Arbeitsgeräte für die Hohlraumkonservierung [4]

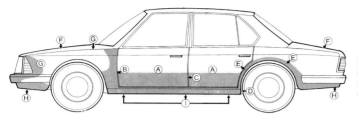

**Bild 6.48**
Dieser Plan eines Herstellers weist auf Stellen hin, an denen Hohlraumschutzmittel ein- oder aufgebracht werden muss. [4]

Versiegelung der Türen durch Aublauflöcher mittels Hakensonde

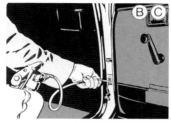

Versiegelung der Tür- und Mittelholme mittels Hakensonde

Versiegelung der Schweller mittels biegsamer Sonde vom Radlaus aus

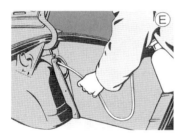

Versiegelung zwischen Radlauf und Kofferraumboden mit biegsamer Sonde

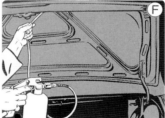

Versiegelung der Versteifungen im Motor- und Kofferraumdeckel

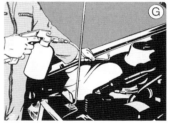

Versiegelung verschiedener Falze im Motorraum mittels Hakensonde

Versiegelung des Batteriekastens mittels Hakensonde

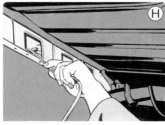

Versiegelung der Front- und Heckschürze mittels Hakensonde

Versiegelung der Längs- und Querträger, Versteifungen und Achsaufhängungen

**Bild 6.49**
Arbeitsablauf einer Hohlraumkonservierung [4]

**Bild 6.50**
Serienlackierung ; Jahrtausendwende –
Trend zu gelben Fahrzeugen (Porsche 911
Carrera Cabriolett [22]

**Bild 6.51**
Basislackauftrag in der Reparaturlackierung

**Bild 6.52**
Klarlackauftrag in der Reparaturlackierung

## 6.2.2 Reparatur-Oberflächenlackierung

Es besteht ein großer Unterschied zwischen der Autoreparatur- und der Autoserienlackierung in der Produktion.

In der Autoserienlackierung wird nur die blanke Karosserie ohne Verkleidungen, Sitze mit Polsterungen, Innenausstattungen usw. lackiert (Bild 6.50).

Bei der Reparaturlackierung werden all diese Teile nicht ausgebaut, außer bei Karosserie-Ersatz. Daher müssen alle nicht zu lackierenden Teile besonders gut abgedeckt werden.

In der Reparaturlackierung werden andere Beschichtungsstoffe als bei der Serienlackierung eingesetzt. Die Reparaturlacke dienen aber der Wiederherstellung und müssen bei richtiger Handhabung zu einer funktionell gleichwertigen Lackierung führen.

Der Lackierfachmann ist immer bestrebt, bei einer Reparaturlackierung die Eigenschaften der Original-Werkslackierung zu erhalten. Durch seine Ausbildung und jahrelange Erfahrung kennt er die fachlichen Zusammenhänge und ist dadurch in der Lage, bei richtiger Auswahl der Materialien und den entsprechenden Verarbeitungs- und Beschichtungsverfahren eine technisch einwandfreie Lackierung zu erstellen. Die Reparaturlackierung ist auf die Systeme der heutigen Bandlackierungen der Automobilhersteller abgestimmt und steht deshalb diesen in keiner Weise nach.

Die Serienlackierung in der Produktion hat immer eine gleichbleibende Oberflächenstruktur. Metalleffektlackierungen besitzen eine gleiche Anordnung der Metalleffektpigmente.

Der Lackierer in der Autoreparaturlackierung steuert die Optik und die Struktur der Lackoberfläche selbst.

## Begriffsbestimmungen bei der Reparaturlackierung

### Neulackierung als Reparaturlackierung

Diese Lackierung ist an neuwertigen Fahrzeugen erforderlich. Es sind aufwendige Spachtel- und Füllerarbeiten mit sorgfältigem Feinschliff vorzunehmen, da keine optischen Beeinträchtigungen des Decklackes akzeptiert wird.

**Bild 6.53**
Beschädigte Seitenfront

### Zeitwertlackierung

Diese Reparaturlackierung soll dem Zeitwert des Fahrzeuges entsprechen. Es wird davon ausgegangen, dass die alte Lackierung insgesamt schon mit Kratzern und Beulen versehen ist. Deshalb sind für die Zeitwertlackierung weniger Spachtel- und Schleifarbeiten im Vergleich zur Neulackierung erforderlich.

### Verkaufs- oder Gebrauchtwagenlackierung

Diese Lackierung wird ausgeführt, wenn die Oberfläche des Fahrzeuglackes auch durch Polieren kaum verbessert wird. Es ist eine kostengünstige Lackierung, bei der aufwendige Schleif- und Füllerarbeiten eingespart werden. Die gereinigte und entrostete Karosserieoberfläche wird nur mit Haftvermittler überzogen, auf den nass in nass der Decklack gespritzt wird.

**Bild 6.54**
Demontage einer Stoßstange aus Kunststoff

Der *Reparaturlackierablauf* besteht aus zwei Phasen:
- ❏ Korrosionsschutz und Ausgleich von Unebenheiten auf der Oberfläche,
- ❏ Decklackierung zur Wiederherstellung des äußerlichen Erscheinungsbildes in Struktur und Farbton.

**Bild 6.55**
Begutachtung einer frisch lackierten Oberfläche nach der Trocknung

### Untergrundvorbehandlung (s. auch Abschnitt 6.1)

Ist das zu lackierende Blechteil neu, unlackiert und unbeschädigt, kann sofort nach der Entfettung und dem Schliff mit dem kompletten Auftrag des Lacksystems begonnen werden.

Karosserieschäden werden in der Werkstatt durch Rückverformung oder Ersetzen der beschädigten Karosserieteile instand gesetzt. Die Vorbereitung eines instand gesetzten Blechteils erfordert weit mehr Aufmerksamkeit als das entsprechende Neuteil. Als wichtige Vorbereitungstätigkeit gilt die Ermittlung der Bindemittelbasis des vorhandenen, beschädigten Lacksystems. Zur Lackbestimmung wird ein mit Acrylverdünnung getränkter Lappen ca. 5 min auf das zu ergänzende Lacksystem gelegt. Die Acrylverdünnung wird nun an den Lackuntergrund abgegeben. Wird die Lackoberfläche weich und

**Bild 6.56**
Entfernen von Isoliermaterial

**Bild 6.57**
Begutachtung einer neuen Autotür vor
den Lackierarbeiten

**Bild 6.58**
Herausziehen einer Delle

**Bild 6.59** ▶
Gefahrensymbole, die bei der
Verwendung von Reinigungsmitteln
beachtet werden müssen

quellfähig, also lösemittelempfindlich, darf diese auf keinen Fall mit Lackmaterialien überarbeitet werden, die härter sind als das zu ergänzende Lackmaterial.

Damit der Lack optimal haftet, muss der Untergrund trocken, fettfrei und sauber sein. Die zu lackierende Fläche muss mit Druckluft abgeblasen und entfettet werden (s. Abschnitt 6.1.1).

| Symbol | Kenn-buch-stabe | Gefahren-bezeichnung | Merkmale |
|---|---|---|---|
| | F | leicht-entzündlich | flüssige Stoffe mit Flammpunkt unter 21 °C |
| | F+ | hoch-entzündlich | flüssige Stoffe mit Flammpunkt < 0 °C und Siedepunkt < 35 °C |
| | O | brand-fördernd | können brennbare Stoffe entzünden und das Löschen erschweren |
| | E | explosions-gefährlich | Explosion unter bestimmten Bedingungen |
| | Xi | reizend | Reizwirkung auf Haut, Augen und Atemorgane |
| | C | ätzend | lebendes Gewebe wird angegriffen und zerstört |
| | Xn | mindergiftig | Bewirkung von Gesundheitsschäden geringen Ausmaßes |
| | T | giftig | Bewirkung äußerst erheblicher Gesundheits-schäden oder Tod |
| | T+ | sehr giftig | Bewirkung äußerst schwerer Gesundheits-schäden oder Tod |
| | N | umwelt-gefährlich | Schädigung von Wasser, Tier- und Pflanzenwelt |

*Es muss auch vor dem Schleifen entfettet werden!*

Fette auf dem Untergrund können beim Schleifen Klümpchen bilden, die sichtbare Schleifspuren verursachen. Das Schleifmittel wird auch schneller unbrauchbar.

In den Untergrund eindringendes Fett und Öl lassen sich nur schwer entfernen.

Eine Entfettung ist mit einem Dampfstrahlgerät (100 bar, 60 °C bis 90 °C) oder einem Hochdruckstrahlgerät (kalt, 150 bar) auch möglich. Meist werden dem Reinigungswasser noch Zusätze (Tenside) beigegeben.

**Bild 6.60**
Silikonentferner

### Beseitigung von Korrosion

Werden Schutzschichten bei der Karosserie-Instandsetzung entfernt, kann es hier zu Korrosion kommen. Die Gefahr ist umso größer, je später die Lackierung nach den Karosserie-Instandsetzungsarbeiten erfolgt.

Weisen Karosserieteile bereits Korrosion auf, müssen diese vor den Lackierarbeiten entfernt werden.

Das Entrosten ist in Abschnitt 6.1.2 beschrieben.

### Strahlen

Das Strahlen (s. a. Abschnitt 6.1.3) geht meist schneller und entfernt den Rost auch aus der Tiefe. Im Fall von Durchrostung werden Löcher sichtbar, die durch den Rost verdeckt wurden.

**Bild 6.61**
Entfernen des Schleifstaubes

**Bild 6.62**
Teilweise metallisch blank geschliffene Oberfläche

**Bild 6.63**
Korrodiertes Einstiegsteil

**Bild 6.64**
Strahlgut Hochofenschlacke

**Bild 6.65**
Strahlgut für besondere Untergründe:
Nussschalen

**Bild 6.66**
Sandstrahlkabine

Weitverbreitete Strahlmittel sind: Korund, Schmelzkammerschlacke, Glasperlen und Nussschalen. Sand darf unter Werkstattbedingungen wegen der Silikosegefahr nicht mehr verwendet werden.

Da die gestrahlten Metallflächen extrem reaktionsfreudig sind, können sie leicht korrodieren. Daher empfiehlt sich, unmittelbar nach dem Strahlen eine Grundierung aufzutragen.

**Schleifen** (s. auch Abschnitt 6.1.4)
Unter Schleifen versteht man das Abtrennen feiner Späne von einem Werkstück mittels Schleifkörner. Die Technik des Schleifens ist für den Lackierer für die nachfolgende Reparaturlackierung von größter Bedeutung. Ausgenommen beim Decklack, wird jede aufgetragene Lackschicht bzw. Füllerschicht anschließend mit flexiblem Schleifmittel aufgeraut und egalisiert.

Für optimale Haftung muss der Untergrund die geeignete Rauigkeit aufweisen. Die maximale Rautiefe sollte, wegen der Neigung des Lackes zur Kantenflucht, höchstens $\frac{1}{3}$ der Gesamtschichtdicke der späteren Beschichtung ausmachen.

*Ziel* des Schleifens ist:
❑ Aufrauen und Aktivieren des Untergrundes,
❑ Glätten des Untergrundes,
❑ Entfernen von Schmutz, Korrosionsprodukten und nicht tragfähigen Beschichtungen.

Das Schleifen kann von Hand oder mit einer Maschine erfolgen. Bei den Schleifmaschinen unterscheidet man zwischen elektrisch und pressluftbetriebenen. Für den Nassschliff sind nur Niedervolt-Schleifmaschinen bis 42 Volt und pressluftbetriebene Maschinen zugelassen.

*Unbearbeitete Oberflächen*
Um eine gute Haftung für den Auftrag der weiteren Lackmaterialien zu schaffen, wird die Oberfläche der Werksgrundierung zuerst mit Trocken- oder Nassschleifmittel der Körnung P150 bis P400 angeschliffen und anschließend mit Silikonentferner gereinigt.

Bei einem nur an der Oberflächenbeschichtung beschädigten Altteil wird die in Mitleidenschaft gezogene Stelle großflächig ausgeschliffen, um später einen möglichst breiten Übergang von der Schleifstelle in die Rest-Lackierfläche zu haben. Hier werden Schleifmittel mit der Körnung P120 bis P240 eingesetzt. Auch hier erfolgt anschließend eine Nachreinigung mit Silikonentferner.

Liegt ein Teil mit bearbeiteter, lackierfähiger Oberfläche vor, raut man zusätzlich die unbeschädigte Lackieroberfläche rund um die Schadstelle mit einem Schleifmittel der Körnung P600 bis P800 auf.

*Verzinnte Flächen*
Beim Ausbeulen von Karosserieblech kann es immer passieren, dass Vertiefungen zurückbleiben. Hier muss Zusatzmaterial auf die Blechoberfläche aufgetragen werden. Man verwendet dafür Kunststoffspachtelmassen oder Schwemmzinn. Bei großen Unebenheiten ist es ratsam, als Zusatzmittel Schwemmzinn zu verwenden. Es hat fast ähnliche Eigenschaften wie das Karosserieblech.

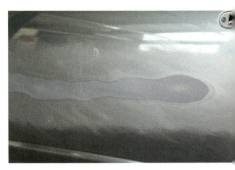

**Bild 6.67**
Geschliffene und geglättete Oberfläche

**Bild 6.68**
Aufgeraute Oberfläche durch Schleifen

**Bild 6.69**
Zentrale Absaugung

**Bild 6.70**
Aufbringen von Schwemmzinntupfer

**Bild 6.71**
Glätten der Schwemmzinntupfer

**Bild 6.72**
Die verzinnte Fläche darf nur mit dem
Karosseriehobel bearbeitet werden.

**Bild 6.73**
Korrosionsschutzgrundierung

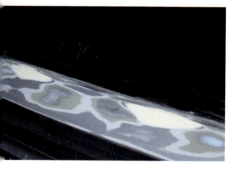

**Bild 6.74**
Geschliffene Stellen

Auf diese verzinnten Flächen ist besonders zu achten. Es muss eine restlose Entfernung des Flussmittels erfolgen, insbesondere in den Randbereichen. Die verzinnten Bereiche sollten sicherheitshalber mit einem alkalischen Entfettungsmittel (3% Ammoniaklösung) angerieben und anschließend gründlich mit heißem Wasser abgewaschen werden. Danach ist die Fläche mit dem Blechreinigungsmittel gut zu reinigen. Von Vorteil ist es hier, eine Wurzelbürste zu verwenden. Die geschrubbte Fläche wird nun mit einem mit Lösemittel getränkten Reinigungstuch gründlich abgewischt. Nach dieser Reinigung wird geschliffen. Wenn die verzinnte Oberfläche mit einem Winkelschleifer bearbeitet wurde, sind grobe Kratzspuren zurückgeblieben. Auf jeden Fall sollen diese Partien gut geschliffen werden (Bild 6.71). Anschließend ist die Bearbeitungsstelle wieder großflächig mit dem Blechreinigungsmittel sowie Teer- und Silikonentferner sehr gründlich abzuwaschen.

**!** *Auf aluminiumlegiertem Blech wird nicht verzinnt. Es besteht die Gefahr einer elektrolytischen Korrosion.*

### Schutzgrundierung
Bei der Reparaturlackierung muss im Rahmen der technischen Möglichkeiten versucht werden, den serienmäßigen Korrosionsschutz wieder herzustellen.

Grundierungen werden dünn aufgetragen und haben die Aufgaben der Haftvermittlung und der Rosthemmung und erbringen in einem geringen Umfang einen Oberflächenschutz. Dieser verringert beispielsweise bei Freilagerung von Fahrgestellen die Korrosion für einige Wochen oder Monate, ermöglicht jedoch keinen langfristigen Schutz.

Besondere Grundierungen sind als Haftgrund für Holz oder bestimmte Kunststoffe geeignet oder kommen als Zwischengrundierung zwischen Alt- und Neulackierungen zum Einsatz. Für Eisen, Stahl und Leichtmetalle wird ein *Aktivgrund* verwendet:

❑ säurehärtende (phosphatierende) Schutzgrundierung,
❑ Schutzgrundierung auf Epoxidharzbasis.

*Säurehärtende Schutzgrundierungen*
Die Oberfläche wird chemisch angegriffen, und durch phosphathaltige Zusätze wird eine Passivierung des blanken Metalls erreicht. Mit diesen Werkstoffen werden nur dünne Schichten von 7 bis 10 µm aufgetragen. Diese säurehärtenden Schutzgrundierungen werden als **Wash Primer** bezeichnet.

Wenn der Wash Primer getrocknet ist, aber noch Ätzkraft besitzt, wird der Grundfüller aufgetragen. Säurehärtende Schutzgrundierungen lassen sich hervorragend schleifen. Schleifarbeiten sollten im Trockenschliff mit Körnung P 400 ausgeführt werden.

**Bild 6.75**
Autotür vor der Schutzgrundierung

Bei säurehärtenden Schutzgrundierungen müssen die Anweisungen der Hersteller berücksichtigt werden, weil das jeweilige Material mit Polyestermaterialien unverträglich sein kann. Bei nicht gehärtetem Zustand des Polyesters kann die Grundierung abgelöst werden.

Die Verwendung von säurehärtenden Schutzgrundierungen auf gehärtetem Polyesterspachtel ist bedenkenlos möglich, da das Material nicht mehr chemisch aktiv ist.

*Grundierung auf Epoxidharzbasis*
Epoxidharzgrundierungen können schichtdickenunabhängig problemlos auf Polyesterspachtel aufgetragen werden.

Damit der Spachtelauftrag nicht direkt auf dem blanken Blech erfolgt, kann eine Epoxidharzgrundierung als Korrosionsschutz vorher aufgebracht werden.

Säurehärtende Lacke und Grundierungen haben vom Auftrag bis zur Durchtrocknung und Aushärtung ein Ätzvermögen. Dadurch kann eine weitere verträgliche Lackschicht ohne erneuten Zwischenschliff aufgetragen werden. (Nass-in-nass-Verfahren). Ist eine Lackschicht ausgehärtet und besitzt somit kein Ätzvermögen mehr, muss ein Zwischenschliff vor dem nächsten Lackauftrag erfolgen.

**Füller**
Von der Lackindustrie wurden mittlerweile Werkstoffe entwickelt, die Grundierung und Füller in sich vereinen: die Grundierfüller. Sie besitzen die Eigenschaften für schnellere Trocknung und sind besser im Decklackstand und in der Wetterbeständigkeit.

**Bild 6.76**
Mit Epoxidharzlack grundierte Karosserie

**Bild 6.77**
Montage auf einem Lackierständer

**Bild 6.78**
Füllerarbeiten

**Bild 6.79**
Anmischen eines Spachtelmaterials

**Spachtel**

Mit Spachtelmaterialien werden Unebenheiten auf den zu lackierenden Oberflächen ausgeglichen. Polyesterspachtel darf nur dünn aufgetragen werden. Hohe Schichtdicken infolge mangelhafter Blechinstandsetzungen führen zu nachfolgenden schlechten Lackoberflächen.

Die Polyester-Spachtelmasse besteht aus zwei Komponenten, die unmittelbar vor der Verarbeitung aus Stamm- und Härtermaterial im vorgeschriebenen Verhältnis angemischt werden.

Die vom jeweiligen Hersteller gelieferten Typen haben auch eine unterschiedliche Verarbeitungszeit. Die Verarbeitungszeit wird auch mit Topfzeit oder Potlife bezeichnet. Wenn der Härterzusatz eingemischt ist, kann bei einem Spacheltyp die Verarbeitungszeit 4 Minuten und bei einem anderen Spacheltyp 40 Minuten betragen. Das normale Mischungsverhältnis von Härter zu Spachtelmasse beträgt normalerweise 2 bis 3 Gramm pro 100 Gramm Spachtelmasse (2 bis 3 Gewichtsprozent). Die Angaben beziehen sich auf Gewichtsanteile. Bei der Anwendung der Zweikomponenten-Spachtelmasse ist zu berücksichtigen, dass die angesetzte Menge in der vorgeschriebenen Zeit verarbeitet werden muss. Ein Nachmischen ist nicht möglich, sondern es muss dann eine neue Menge zusammengerührt und verarbeitet werden. Spachtelmasse und rot eingefärbter Härter sind auf einem sauberen Untergrund mit einem Spachtel so gut zu vermischen, bis die roten Spuren des Härters vollständig verschwunden sind. Diese angemachte Spachtelmasse hat eine sehr kurze Topfzeit von ca. 5 bis 10 Minuten. Es gibt aber auch spezielle Materialien mit einer Topfzeit bis zu 40 Minuten.

Die Spachtelmasse wird mit einer Metall- oder Kunststoffspachtel aufgetragen. Eine Gummispachtel wird nur für Profilierungen verwendet. Die Verarbeitung muss schnell und genau erfolgen.

*Immer nur so viel Material anmischen, wie zu der Verarbeitung benötigt wird.*

Ein direktes Überarbeiten von gespachtelten Stellen jeglicher Art mit Decklack ist zu vermeiden, weil ein Glanzabfall gegenüber den angrenzenden Flächen dadurch

unvermeidlich ist. Spachtelstellen sollten immer mit einem Füller abgedeckt werden, um einen gleichmäßigen, nicht saugenden Untergrund für die Decklackierung zu schaffen.

*Mischfehler*
**Zu wenig Härter:** Spachtelmaterial härtet nicht in der vorgesehen Zeit aus. Schleifarbeiten können nicht optimal durchgeführt werden. Das Schleifmittel schmiert, und es entstehen Schleifriefen und Schleifspuren.

**Zu viel Härter:** Spachtelmaterial erhärtet nicht schneller. Es bleibt nicht reagierter Härter zurück, der im Decklack durchschlägt und somit Farbtonveränderungen und Flecken- oder Konturenbildung verursacht.

Der **UP-Faserspachtel** wird in der Reparatur durchgerosteter, nichttragender Karosserieteile eingesetzt. Er haftet auf Stahl, verzinktem Stahl und UP-GF.

 **UP-Universalspachtel** wird als Füll- und Feinspachtel verwendet und haftet auch auf Zink und Aluminium sehr gut. Durch kurz- und langwelliger IR-Strahlung kann die Aushärtung beschleunigt werden.

 **UP-Feinspachtel** wird fast nur als Feinspachtel und zur Ausbesserung eingesetzt. Dies gilt auch für kleine Kunststoffbeschädigungen.

 **UP-Spritzspachtel** haftet auf Stahl, Weichaluminium, UP-GF und Altlackierungen.

 **UP-Streichspachtel** verwendet man zum Ausfüllen kleiner Unebenheiten, Riefen und Poren. Für Spachtelarbeiten von Ecken, Kanten, Falzen und Rundungen eignet er sich besonders gut. Die Haftung auf Stahl, Weichaluminium und Altlackierungen ist gut.

 **Nitrokombispachtel** wird vereinzelt noch als Fleckspachtel eingesetzt. In diesem Bereich werden aber heute vermehrt 1K-Acrylspachtel verwendet.

 Der **Alkydharzspachtel**, den man, um dickere Schichten zu bekommen, im Abstand von 1 bis 2 Stunden mehrmals übereinander zieht, kommt kaum noch zum Einsatz.

 **Porenwischfüller**, ein Einkomponenten-Spachtelmaterial, wird zum Verschließen der Poren von PUR-Weichschaum eingesetzt.

### Spachtelmaterialien verarbeiten
Die Oberflächenqualität einer Reparaturlackierung beginnt bei den Spachtelarbeiten.

**Bild 6.80**
Dosieranlage für 2K-Polyesterspachtelmaterial

**Bild 6.81**
Spachtelarbeiten

**Bild 6.82**
Härter für 2K-Polyesterspachtel

**Bild 6.83**
Stammmaterial Polyesterspachtel

**Bild 6.84**
Spachteln für die Verarbeitung von
Spachtelmaterialien

**Bild 6.85**
Auftragen des Spachtelmaterials mit
einer Japanspachtel

**Bild 6.86**
Spachtelauftrag

*Je sorgfältiger, gleichmäßiger und
sauberer der Spachtelauftrag durchgeführt wird, umso geringer ist der
Zeitaufwand für die Schleifarbeiten.*

Instand gesetzte Stahlblechteile müssen vor den Spachtelarbeiten gründlich entfettet und geschliffen werden.
Beim Spachteln muss darauf geachtet werden, dass die
Schichtdicke des aufgetragenen Materials 400 µm nicht
überschreitet.

Vorsicht ist geboten, wenn in die Altlackierung hi-
neingespachtelt werden soll. Hier muss zuerst die Löse-
mittelempfindlichkeit der Altlackierung geprüft werden.
Dazu sollte ein mit Acrylverdünnung getränkter Lappen
ca. 1 Minute auf die geschliffene Fläche der Altlackierung gelegt werden. Danach kann mit dem Fingernagel
die Abschälprobe gemacht werden. Zeigt sich hierbei,
dass die Altlackierung weich geworden ist, darf sie
nicht überspachtelt werden. In solchen Fällen muss die
zu spachtelnde Schadstelle großflächiger abgeschlif-
fen werden, so dass *drei Zonen* im Spachtelbereich entstehen:

❑ Schadstellen mit blankem Blech und anschließendem
Spachtelauftrag,
❑ blankes Blech um den Spachtelauftrag,
❑ Altlackierung.

Die Altlackierung ist in den Randzonen mit feinem
Schleifpapier P240 bis P280 anzuschleifen.

**Wichtige Tipps
zur Spachtelvorbereitung**

*Während der Lagerung kann es zu Entmischung der
Bestandteile kommen.
Füllstoffe können sich absetzen und Harz und Lösemittel
oben aufschwemmen.
Der gesamte Gebindeinhalt ist vor der Verarbeitung
gründlich aufzurühren, um eine gleichmäßige Verteilung
der Füllstoffe, Harze und Lösemittel zu erreichen.
Das umgerührte Spachtelmaterial darf nur mit sauberem
Werkzeug (Spachtel) aus dem Gebinde entnommen
werden. Spachtel- und Härterreste an dem Werkzeug
würden zu ungewollten Reaktionen im Gebinde und dem*

*vorhandenen Spachtelmaterial führen. Das Material wird unbrauchbar.*
*Das Stammmaterial und der Härter müssen gut verrührt sein. Es können sonst Schwierigkeiten im Trocknungsablauf und eventuell Verfärbungen im späteren Decklack auftreten. Außer den Durchblutungserscheinungen kann der Decklack matte Stellen über den Spachtelstellen bekommen.*

### Das Schleifen des Spachtels

Der Polyesterspachtel ist nach ca. 30 Minuten bei 20 °C ausgehärtet. Nach der vorgeschriebenen Aushärtungszeit der Spachtelmasse kann mit Schleifpapier P80 geschliffen werden. Nach dem Grobschliff ist es sinnvoll, eine Kontrollfarbe oder Kontrollpuder aufzubringen. Nach dem Trocknen folgt der Feinschliff mit Schleifpapier P150 bis P240. Vorhandene Schleifriefen und Poren werden durch das Kontrollmaterial sichtbar und können nun nachgespachtelt werden. Danach folgt der Feinspachtelauftrag.

**Bild 6.87**
Maschinelle Schleifarbeiten auf gespachtelten Flächen

Die Schleifarbeiten können manuell mit Schleifklötzen und Schichthobeln oder mit elektrischen Schleifgeräten durchgeführt werden.

Ein wirtschaftliches Schleifgerät steht den Lackierern und Karosseriebauern mit Exenterschleifern zur Verfügung.

Der Schleifhub von z. B. 3 mm lässt Rautiefen von weniger als 5 mm zu. Ohne störende Schleifspuren erreicht der Lackierer so im Trockenschliff sehr gute Ergebnisse, die den Nassschliffoberflächen in nichts nachstehen. Einen sehr feinen Schliff und erstklassige Oberflächen erzielt man mit einem 3-mm-Schleifhub. Für hohe Abtragsleistung und dadurch schnellere Arbeitsfortschritte verwendet man 6-mm-Schleifhubmaschinen.

**Bild 6.88**
Handschliff von gespachtelten Flächen

**!** ***Das Schleifen von Polyesterspachtelmassen darf nur trocken erfolgen.***

Polyesterspachtel nimmt die Feuchtigkeit sehr leicht auf und speichert sie. Bei der Wärmetrocknung tritt die Feuchtigkeit wieder aus und führt so zur Kocherbildung im Decklack.

**Bild 6.89**
Geschliffener Füller [1]

**Bild 6.90**
Trockenschliff von Polyesterspachtel-
material

**Bild 6.91**
Geschliffene Spachtelstelle

**Bild 6.92**
Entrosteter Türpfalz

### Durchschliff

Beim Schleifen der gespachtelten Flächen kann es vorkommen, dass an einigen Stellen bis zum blanken Stahlblech durchgeschliffen wird. Hier muss ein zusätzlicher Korrosionsschutz mit einem Spritzgang aufgetragen werden. Dieser Korrosionsschutz erfüllt mehrere *Funktionen*:

❑ Isoliergrund,
❑ Rostschutz und
❑ Haftgrundierung.

Nach einer Ablüftzeit von ca. 15 Minuten bei rund 20 °C wird der Grundierfüller großflächig auf die Reparaturstelle aufgespritzt. Die Schichtdicke des Grundierfüllers beträgt ca. 50…60 µm. Sie wird in zwei Spritzgängen aufgetragen. Nach dem ersten Spritzgang wird so lange gewartet, bis eine gleichmäßige matte Oberfläche entstanden ist. Nach dem zweiten Spritzgang erfolgt eine Trocknung, die entweder in der Kabine bei 60 °C ca. 20 Minuten dauert oder bei 20 °C ca. 1,5 bis 2 Stunden.

Muss nach dem Schleifen die Fläche nachgespachtelt werden, müssen Schleifstaubreste mit Druckluft, Reinigungsmittel und Papiertücher entfernt werden.

Angrenzende Bereiche müssen gegen Beschädigungen und Verschmutzungen durch Spachtelmaterial abgedeckt werden.

### Grundierfüller

Der Grundierfüller bildet den Untergrund für den Decklack. Der Decklack darf nicht direkt auf die rohen Spachtelstellen oder auf die Schutzgrundierung aufgetragen werden. Bei schlecht deckenden Farbtönen kommt ein Tönfüller zum Einsatz. Der Tönfüller ist ein eingefärbtes

**Bild 6.93**
Rostschutzauftrag an einem entrosteten
Türpfalz

**Bild 6.94**
Haftgrundierung

Füllermaterial, das durch Zugabe und Vermischung einer bestimmten Menge pigmentierten Decklackes erst zum Füller wird. Der Hauptvorteil liegt bei einer besseren Deckkraft des nachfolgend aufzutragenden Decklackes. Es werden hierbei keine zu dicken Lackschichten aufgetragen und dadurch evtl. entstehende Lackläufer verhindert.

Decklackabplatzer, die durch Steinschlag entstehen können, fallen nicht so leicht auf, da der Tönfüller annähernd die gleiche Wagenfarbe hat. Originallackierungen mit eingefärbtem Füller sind problemlos auszubessern. Der Tönfüller wird zuerst mit dem entsprechenden Decklack gemischt. Dann wird er im richtigen Verhältnis, nach Herstellerangabe, mit Härter und Verdünnung vermischt. Beim Spritzen sind die gleiche Folge und Schichtdicke wie beim normalen Füllern einzuhalten.

Reine Füller ohne grundierende Eigenschaften werden heute kaum noch eingesetzt.

**Bild 6.95**
Es kommen verschiedene Einstellzusätze zum Einsatz.

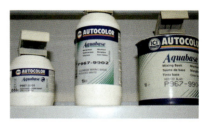

**Bild 6.96**
Wasserbasislacke

### Feststoffgehalt
Die Füllkraft des Grundierfüllers richtet sich nach seinem *Festkörperanteil*:
- ❑ **Standard**
  Standardfestkörpergehalt;
- ❑ **MS (medium solid)**
  mittlerer Festkörpergehalt;
- ❑ **HS (high solid)**
  hoher Festkörper.

Eine andere Gruppe von Füllern ist der Nass-in-nass-Füller. Er wird als Zwischen- bzw. Isolierschicht ohne Ausgleich von Unregelmäßigkeiten eingesetzt. Beim Einsatz dieser Materialien kann man nicht erwarten, dass der Decklack darauf mit höchster Brillanz steht. Die farblosen Transparentsealer eignen sich ideal als Haftvermittler bei Umlackierungen von Neufahrzeugen.

Zu beachten ist, dass thermoplastische Untergründe mit diesen Werkstoffen nicht bearbeitet werden dürfen.

Füller werden in der Regel zwischen 40 μm und 250 μm Trockenschichtdicke aufgetragen, für dickere Schichten wird ein Dickschichtfüller verwendet.

Schleiffähiger Füller ist das am häufigsten verwendete Füllermaterial in der Reparaturlackierung. Der Grundierfüller härtet dabei vollständig aus und kann anschließend geschliffen werden. Wird ein Schleiffüller überhärtet, kommt das einer Auflackung gleich, die zu einer Verschlechterung der Schleifbarkeit führt.

**Bild 6.97**
Stammlack

**Bild 6.98**
Klarlack

**Tabelle 6.2**
Verwendung von Grundierfüllern

| Zu lackierender Bereich | Geeigneter Grundierfüller |
|---|---|
| Ersetze Bleche | Standard- oder MS-Füller |
| Bleche mit kleinen Reparaturstellen | MS-Füller |
| Instand gesetzte Bleche | HS-Füller |
| Innenteile | Nass-in-nass-Füller |
| Normale Oberfläche (Finish) | Nass-in-nass-Füller |
| Hohe Oberflächenqualität | Schleiffüller |
| Farben mit geringer Deckkraft | Tönfüller |

**Bild 6.99a**
Betriebsanweisungen müssen bei der Verarbeitung beachtet werden.

**Bild 6.99b**
Verbotsschilder sind zu beachten.

## Auftrag des Grundierfüllers

Je nachdem, wie die Oberflächenbeschaffenheit ist und welche Betrachtungen man über die Aufgaben der einzelnen Untergrundschichten anstellt, kann man einen Isoliergrund oder auch ein festkörperreiches High-Solid-Produkt mit hoher Schichtdicke (200…300 μm) auftragen. Den technischen Merkblättern der Lackhersteller ist zu entnehmen, welche Untergrundmaterialien gleichzeitig rosthemmende Eigenschaften haben. Wenn ein Füllermaterial als Untergrund für den Decklack verwendet wird, der den Nass-in-nass-Auftrag erlaubt, kann der Decklack ohne Zwischenschliff nach einer kurzen Ablüftzeit aufgetragen werden. Andernfalls muss nach einer Trockenzeit die Oberfläche geschliffen werden. Bei Karosserieteilersatz und bei großflächigen Schäden wird das komplette Blechteil grundiert. Sind kleine Schäden zu bearbeiten, müssen die gespachtelten und grundierten Flächen gefüllert werden.

**Bild 6.100**
Vor einem Grundierfüllerauftrag

## Schleifen des Grundierfüllers

Der Aufwand für das Schleifen macht bei der Reparaturlackierung mehr als die Hälfte der gesamten Arbeitszeit aus, bei kniffligen Abläufen sogar bis zu 70%. Die verschiedenen Füllerarten werden entweder nass oder trocken geschliffen. Fehler in der Grundierfüllerschicht sind durch den Decklack hindurch sichtbar. Beim Nassschliff kann die Schleifmaschine mit Gitterleinen (entspricht der Körnung P800… P1000) zum Einsatz kommen oder es wird mit der Hand geschliffen (P600…P800). Der Trockenschliff erfolgt mit einem Exzenterschleifgerät und Schleifpapier P400. Aus Gründen der Zeitersparnis wird der Trockenschliff bevorzugt.

Der Grundierfüller muss vollkommen durchgetrocknet sein, bevor er geschliffen wird. Es entstehen sonst Schleifspuren, und das Schleifmittel verstopft.

**Bild 6.101**
Zum Lackieren auf einem Lackierständer befestigte Autotür

**Bild 6.102**
Abblasen vor dem Grundieren

**Bild 6.103**
Maschineller Feinschliff

**Bild 6.104**
Nassfeinschliff

**Bild 6.105**
Feinschliff mit Schleifvlies

**Bild 6.106**
Abwischen der zu lackierenden Fläche

Die *Schleifarbeit* erfolgt in zwei Stufen:
❑ Grobschliff und
❑ Feinschliff.

Das rationelle Glätten von der Grundierfüllerschicht wird mit grober Körnung (P60 bzw. P80) durchgeführt und gleicht die Füllerschicht an die Blechoberfläche an.

Der Füllerfeinschliff entscheidet über die Qualität der Endlackierung. Der Decklack muss gut haften, und es dürfen keine Schleifspuren sichtbar sein. Der so genannte Endschliff erfolgt entweder mit einem Hand- oder Maschinennassschliff mit Gitterleinen mit den Schleifkörnungen P800…P1000 oder mit einem maschinellen Trockenschliff mit der Körnung P360…P400. Eine schlecht vorbereitete Oberfläche kann nicht durch noch so viel Füller- oder Lackauftrag ausgeglichen werden.

**Decklackierung**
Bevor die Decklackierung aufgetragen wird, muss die Fläche sorgfältig gereinigt werden. Bei Teillackierung sind die angrenzenden Flächen mitzureinigen. Die erste Reinigung geschieht mit einem Teer- und Silikonentferner. Nach dem Abwaschen muss die Feuchtigkeit auf der Oberfläche restlos verdunsten. Danach darf die zu lackierende Fläche nicht mehr mit den Fingern berührt werden.

Kurz vor dem Lackauftrag wird mit Hilfe einer Ausblaspistole und einem Staubbindetuch die komplette Fläche vom Schmutz und Staub gereinigt; hier ist darauf zu achten, dass die Poren, Ecken und Winkel gut ausgetrocknet sind. Staub und Fett sind mit die größten Feinde für den Lackierer.

**Arbeitsablauf in Kurzform**
Es gibt unterschiedliche Reparatursysteme. Ein *kompletter Arbeitsablauf* lässt sich wie folgt darstellen:
❑ Reparaturstelle reinigen,
❑ schleifen (strahlen),
❑ Lack im Schleifbereich erkennen,
❑ Spachtelmasse aufziehen,
❑ Spachtelmasse schleifen,
❑ Kontrollfarbe aufbringen, abwischen und anschleifen,
❑ Feinspachtelmasse aufziehen;
❑ zusätzlichen Korrosionsschutz (Isoliergrund) aufbringen,
❑ Füller auftragen (Tönfüller),
❑ Füller schleifen (nass oder trocken),
❑ Decklack spritzen,
❑ Klarlack überziehen.

Heutige Lacke sind sehr vielseitig in ihrer chemischen und physikalischen Zusammensetzung, um sicherzustellen, dass
- ☐ Farbton,
- ☐ Glanz,
- ☐ Härte,
- ☐ Trockenzeit und
- ☐ Viskosität

stimmen, die für eine erstklassige Lackierung notwendig sind.

**Bild 6.107**
Fülllerauftrag

### Decklacksysteme

Auf den lackierfertigen Untergrund können die unterschiedlichsten Decklacke aufgetragen werden. Sie müssen beständig gegen UV-Licht, Witterungseinflüsse, Feuchtigkeit und Erosion sein. Der Decklack schützt die darunterliegenden Lackschichten.

Man unterscheidet zwischen drei *Systemen*:
- ☐ 1-Schicht-Lackierverfahren,
- ☐ 2-Schicht-Lackierverfahren,
- ☐ 3-Schicht-Lackierverfahren.

**Bild 6.108**
Wasserbasislackauftrag

**Bild 6.109**
2-Schicht-Lackierung mit Klarlack

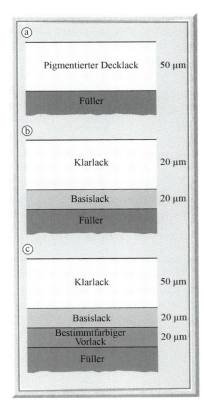

**Bild 6.110** [6]
a) 1-Schicht(-Deck)lackierung
b) 2-Schicht(-Deck)lackierung
c) 3-Schicht(-Deck)lackierung
Die Schichtdickenangaben sind Circa-Werte.

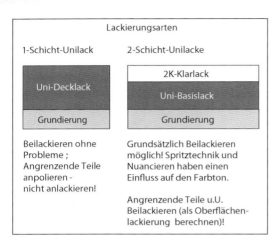

## 1-Schicht-Lackierung

Beim 1-Schicht-Verfahren wird der pigmentierte und hochglänzende Decklack in einem Arbeitsgang aufgetragen. Er enthält viele Deckpigmente und übernimmt als Deckschicht alle wichtigen Eigenschaften, wie Härte, Glanz und Beständigkeit. Diese Technik bezeichnet man als Unilackierung; sie wird aber nicht mehr so häufig eingesetzt.

So werden bei der Serien- und auch bei der Reparaturlackierung Unilacke im 2-Schicht-Lackierverfahren eingesetzt.

Die Unilackierung wird in zwei Spritzgängen aufgetragen. Nach dem ersten Spritzgang folgt eine kurze Ablüftzeit. Nach dem zweiten Spritzgang wird nur noch kurz abgelüftet, bevor die Ofen- oder Strahlentrocknung einsetzt. Bei 60 °C dauert die Trocknung ca. 30 min. Die Lackierung ist noch nicht voll belastbar, sondern nur montagefest.

## 2-Schicht-Lackierung

Beim 2-Schicht-Verfahren wird ein pigmentierter, matter Basislack als erste Schicht aufgetragen. Er gibt den Farbton und einen eventuellen Effekt an. Der Basislack ist ein Teil des gesamten Lacksystems und bei den Metallic- bzw. Effektlacken allein nicht beständig. Es muss zusätzlich – nach einer kurzen Ablüftzeit – ein transparenter Zweikomponenten-Klarlack als Versiegelung darüber appliziert werden.

Der Basislack muss gemäß Herstellerangaben angemischt und meist in zwei Spritzgängen aufgetragen werden. Beim Spritzen ist auf eine wolkenfreie Lackierfläche zu achten. Nach dem ersten Spritzgang muss der Basislack so lange abgelüftet werden, bis eine gleichmäßig matte Fläche entstanden ist. Danach erfolgt der 2. Spritzgang. Auch dieser lüftet Mattglanz ab. Jetzt kann als letzte Schicht der Klarlack in zwei Spritzgängen aufgetragen werden. Dann folgt die Trocknung wie bei einer 1-Schicht-Unilackierung.

Das 2-Schicht-Verfahren wurde für Lackierungen mit Metallic-Effekt entwickelt. Diese Art der 2-Schicht-Metalleffektlackierung gewährt eine sehr gute Dauerfestigkeit.

Der Zweikomponenten-Klarlack ist sehr hart und schützt die Basislackierung vor Abrieb, Verwitterung und chemischen Angriffen. Der festkörperreiche Klarlack zeigt nach der Trocknung einen hervorragenden Verlauf mit einer hochglänzenden Oberfläche, was der Lackierung eine sehr gute Tiefenwirkung und Brillanz verleiht. Außerdem können Staubeinschlüsse bedingt durch eine schnelle und gute Durchtrocknung auspoliert werden.

Es werden aber auch für 2-Schicht-Lackierungen Uni-Lacktöne verwendet. Da der Einsatz von reinen 2-Schicht-Mischlacken wie auch umgewandelter Acryllacke nicht ganz unproblematisch ist, bringt der Einsatz von 2-Schicht-Unilacken ein optisch und technisch besseres Ergebnis. Sie bieten mehr Sicherheit bei der Lackierung. Die Handhabung und das Beispritzen ermöglichen Reparaturen mit weniger Schwierigkeiten. Es lässt sich unproblematisch in der Fläche spritzen, Übergänge sind einfacher zu vollziehen, und Farbtonunterschiede lassen sich leichter ausglei-

**Lackierungsarten**

3-Schicht-Teillackierung mit zwei Klarlack-Schichten

| erste Klarlack-Schicht trocknen und schleifen | erste Klarlack-Schicht ist eingefärbt | Perleffekt mit Farbflop |
|---|---|---|
| 2K-Klarlack | 2K-Klarlack nass in nass | 2K-Klarlack nass in nass |
| 2K-Klarlack (trocknen u. schleifen) | 2K-Klarlack (eingefärbt) nass in nass | Perleffekt-Basislack nass in nass |
| Effekt-Basislack | Effekt-Basislack | eingefärbter Vorlack |
| Grundierung | Grundierung | Grundierung |
| u.U.Polieren der Reparaturfläche | zus. Farbflop; Einfluss durch Schichtdicke | Einfluss durch Anzahl Basislack-Spritzgänge |

Klarlacke und Basislacke werden nass in nass lackiert!

Grundsätzlich Beilackieren möglich! Spritztechnik und Nuancieren haben einen Einfluss auf den Farbton.

Angrenzende Teile u.U. Beilackieren (als Oberflächenlackierung berechnen)!

**Bild 6.113**
Teillackierung 3-Schicht-Lackierungen [3]

**Bild 6.114**
2-Schicht-Lackierung

**Bild 6.115**
Polierte 2-Schicht-Lackierung

chen. Insgesamt gesehen bedeutet aber die zusätzliche Schicht Klarlack einen höheren Arbeits- und Materialaufwand.

### 3-Schicht-Lackierung

Bei einigen Perleffekt-Lackierungen muss im 3-Schicht-Verfahren gearbeitet werden.

Die 3-Schicht-Lackierung besteht aus einem eingefärbten Füller oder Vorlack, der auf der gesamten reparierten Fläche aufgetragen wird. Dieser wird mit einem schlecht deckenden Basislack mit Perleffektpigmenten und einem Klarlack überlackiert. Durch dieses Auftragsverfahren und den speziellen Lackmaterialien entsteht eine Flopwirkung.

### Wasserbasislack-Technologie

Schon zu Anfang der achtziger Jahre hat die Lackindustrie mit der Entwicklung und Einführung von wässrigen und festkörperreichen Lacksystemen begonnen. Diese Produkte wurden fast ausschließlich in der Serienlackierung eingesetzt. Bedingt durch die unterschiedlichen Anforderungen konnten diese Systeme nicht direkt für die Reparaturlackierung übernommen werden.

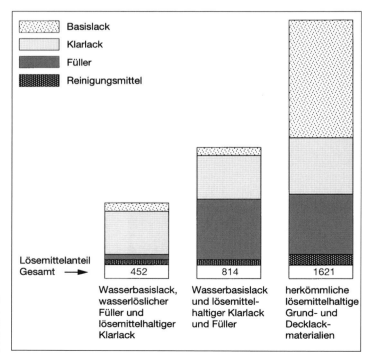

**Bild 6.116**
Lösemittelanteil(e) bei wasserverdünnbaren Grund- und Decklackmaterialien im Vergleich zu herkömmlichen Systemen [1]

## VOC-Werte

Der Lösungsmittelgehalt wird durch den VOC-Wert (**V**olatile **O**rganic **C**ompound; flüchtige organische Bestandteile) ausgedrückt.

Durch die Vorgabe von gesetzlichen Auflagen wurden und werden die VOC-Werte stark gesenkt. Der VOC-Wert gibt die Menge an flüchtigen, organischen Lösungsmitteln an. Wasser wird bei der Berechnung des VOC-Wertes nicht berücksichtigt.

Die Lackindustrie verringerte wegen der gesetzlichen Vorgaben den Anteil an organischen Lösemitteln im Lack und ersetzte sie teilweise durch Wasser.

## Die Wasserlacksysteme

Es sind meistens einkomponentige Lacke, die durch Abgabe vom Löse- und Verdünnungsmittel physikalisch trocknen. Sie enthalten im Durchschnitt ca. 10 Gew.-% wasserfreundliche organische Lösemittel. Durch den Einsatz dieser Wasserlacksysteme kann der Lösemittel-

**Tabelle 6.3**
VOC-Werte einzelner Werkstoffe

| Einsatzstoff | VOC-Wert (g / l) |
|---|---|
| Werkzeugreiniger | 850 |
| Vorreinigungsmittel | 200 |
| Spachtel | 250 |
| Waschprimer | 750 |
| Haftgrundierung | 540[1] |
| Grundierfüller | 540[1] |
| Schleiffüller | 540[1] |
| Nass-in-Nass-Füller | 540[2] |
| Einschicht-Uni-Decklack | 420 |
| Basislack | 420 |
| Klarlack | 420[3] |
| Spezialprodukte | 840[3] [4] |

(1) ab 1. Januar 2010 gelten <250
(2) ab 1. Januar 2010 gelten <450
(3) ab 1. Januar 2010 Anpassung an den Stand der Technik
(4) Der Anteil der Spezialprodukte an den gesamten Beschichtungsstoffen darf 10 von Hundert nicht überschreiten.

**Bild 6.117**
Zur Reduzierung der Ablüftzeit ist eine
Luftdüse hilfreich. [3]

**Bild 6.118**
Decken-Abblasgerät in der Lackierkabine [1]

**Bild 6.119**
Trocknung eines Fahrzeugteils nach der
Applikation von Wasserbasislack [1]

anteil, der an die Umwelt abgegeben wird, um ca. 90% vermindert werden. Als Bindemittel werden vor allem Dispersionen auf Polyurethanharz- und Acrylharzbasis verwendet.

**Trocknungszeiten**
Wasser verdunstet langsamer als viele andere eingesetzte organische Lösemittel. Diese längeren Trocknungszeiten können durch Anblasen mit Luft reduziert werden. Dafür verwendet man verschiedene Hilfsmittel wie z. B. Spritzpistolen, Spritzpistolen mit aufgesetzter Venturidüse, Air-dry-Pistole oder Decken-Venturidüsen.

Durch Wärmezufuhr über Warmluft oder IR-Strahler kann der Trocknungsvorgang zusätzlich beschleunigt werden.

Es wird für das Ablüften der wasserbasierten Lacksysteme mehr Zeit oder mehr Energie aufgebracht.

**Beispritzlackieren**
Die Beilackierung wird bei 2- und 3-Schicht-Lackierung angewendet, falls anders eine Übereinstimmung des Farbtons nicht erreichbar ist.

Mit dem Beispritzlackieren können kleine Reparaturstellen wie Steinschläge und Beulen beseitigt werden. Dies ist eine Technik, die bei der Teillackierung eingesetzt wird. Damit ist eine farbtongerechte Reparaturlackierung zu erreichen. Häufige Anwendungsfälle sind Ausbesserungsarbeiten von Parkschrammen an Türen und Kotflügel. Die Technik des Beispritzens erfordert viel Übung. Schließlich soll die reparierte Stelle nicht vom Lack der Umgebungsfläche zu unterscheiden sein. Da der angemischte Farbton im harten Übergang zur Altlackierung mehr oder weniger stark auffällt, ist das Auge durch einen weichen Übergang an den neuen Farbton zu gewöhnen. Um das zu erreichen, wird der Basislack über die eigentliche Schadstelle hinaus auslaufend gespritzt und das gesamte Teil vollständig mit Klarlack überlackiert. Diese Vorgehensweise setzt voraus, dass der Klarlack bis an vorhandene Karosseriekanten oder -spalten aufgetragen werden kann. Wenn die Karosserieflächen keine direkte Abgrenzung haben, zum Beispiel eingeschweißte Seitenwände am Übergang C-Säule–Dach, so wird der Klarlack auslaufend gespritzt und der Übergang poliert.

Die *Beilackierung* wird in folgende vier Gruppen unterteilt:

- ❏ Beilackierung zur Begrenzung der Reparaturfläche,
- ❏ Beilackierung innerhalb eines Teils (in der Fläche),
- ❏ Beilackierung über mehrere Teile hinweg (angrenzende Teile),
- ❏ Beilackierung zur Begrenzung der Reparaturfläche.

Hier wird gleichzeitig eine Farbton- und Effektangleichung und eine Begrenzung der Reparaturfläche erzielt.

*Vorgehensweise* bei einer 1-Schicht-Lackierung an einer hinteren Seitenwand eines 4-türigen Fahrzeuges:

- ❏ Füller und Altlack schleifen (ca. P800) (a);
- ❏ Bereich mit silikonfreier, wasserlöslicher Schleif- und Polierpaste behandeln (b);
- ❏ 1-Schicht-Decklack in 2 bis 3 Spritzgängen – am Übergang auslaufend – auftragen (c);
- ❏ 1-Schicht-Decklack stark verdünnen (oder nur Verdünnung) und den Übergangsbereich mit reduziertem Druck ausnebeln (d);
- ❏ trocknen und
- ❏ Übergangsbereich mit Polierpaste bzw. Finish-Polierpaste behandeln (e).
- ❏ Die Beilackierung beim 2- und 3-Schicht-Verfahren ist ähnlich.

**Bild 6.120**
Basislack ohne Ablüftzeit [3]

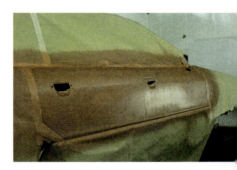

**Bild 6.121**
Basislack nach Ablüftzeit [3]

**Bild 6.122**
Klarlackauftrag auf einen Wasserbasislack

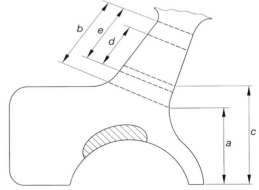

**Bild 6.123**
Beilackierung zur Begrenzung der Reparaturfläche [1]

**Bild 6.124**
Angeschliffene Teilfläche vor der
Lackierung

**Bild 6.125**
Gespachtelte Fläche vor einer
Beilackierung

## Beilackierung innerhalb eines Teils (in der Fläche)

Bei diesem Verfahren wird der Übergang der farbton-
und effektgebenden Schicht in der beschädigten Fläche
durchgeführt. Diese Spritztechnik wird häufig angewendet, um angrenzende Flächen nicht beilackieren zu müssen. Voraussetzung ist jedoch, dass von der Schadensstelle ausgehend (in ein oder zwei Richtungen) genügend
Fläche vorhanden ist, um einen auslaufenden Lackauftrag durchführen zu können.

## 🖌 **Beispiel**

Eine Tür ist mittig beschädigt. Nach dem Ausbeulen erfolgt der Lackaufbau vom blanken Blech aus mit Spachtel und Füller.
> *Vorgehensweise* bei einer 2-Schicht-Lackierung:
- ❑ Füller und Altlack schleifen (Körnung P800…P1000),
  Schleifvlies) (a);
- ❑ Basislack in 2 bis 3 Spritzgängen – am Übergang auslaufend – auftragen (b);
- ❑ 2K-Klarlack in 2 Spritzgängen auf das Gesamtteil auftragen (c);
- ❑ Die Beilackierung beim 1- und 3-Schicht-Verfahren
  ist ähnlich.

## Beilackierung über mehrere Teile hinweg (angrenzende Teile)

Unter dem Verfahren **Beilackierung über mehrere Teile
hinweg** versteht man eine Beilackierung eines oder
mehrere Teile, die an die beschädigte Fläche grenzen.
Bei 1-Schicht-(Uni)Lackierung ist keine Beilackierung
angrenzender Teile erforderlich:

Lackierung der Gesamt-
fläche, evtl. ohne Türrahmen
(d.h. bis Fensterlinie)

oder

Lackierung der Teilbereiche
(hier z.B. Tür-Unterteil)

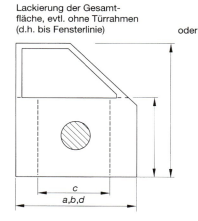

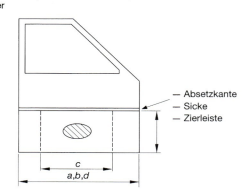

— Absetzkante
— Sicke
— Zierleiste

**Bild 6.126**
Beilackierung
im Teil [1]

# ✎ Beispiel

Eine Tür ist mittig beschädigt. Nach dem Ausbeulen erfolgt der Lackaufbau vom blanken Blech aus mit Spachtel und Füller (Vorgehensweise bei einer 2-Schicht-Lackierung).

Die Seitenwand im Bereich des Radausschnittes ist beschädigt. Nach dem Ausbeulen erfolgt der Lackaufbau vom blanken Blech aus mit Spachtel und Füller (*Vorgehensweise* bei einer 3-Schicht-Perleffekt-Lackierung).

**Bild 6.127**
Vorbereitete gefüllte Fläche für die Endlackierung

❑ Reparaturteil-Füller und Altlack schleifen (Körnung P800…P1000, Schleifvlies) (a);
❑ angrenzendes beizulackierendes Teil schleifen (P1000, Schleifvlies) (b);
❑ Vorlack in 2 bis 3 Spritzgängen auf das Reparaturteil und den Übergangsbereich des angrenzenden Teils spritzen (c);
❑ Basislack in der durch Farbmuster ermittelten Anzahl von Spritzgängen (in der Regel 2 bis 4) auf das Reparaturteil und den Übergangsbereich des angrenzenden Teils auftragen (d);
❑ 2K-Klarlack in ca. 2 Spritzgängen auf die Gesamtfläche der betroffenen Teile auftragen (e).

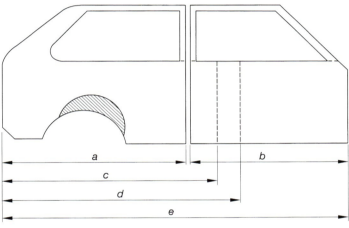

**Bild 6.128**
Beilackierung von angrenzenden Teilen [1]

**Bild 6.129**
Gespachtelte Reparaturstelle

**Bild 6.130**
Teillackierte Reparaturstelle

**Bild 6.131**
Schaden an einer Kunststoffstoßstange

**Bild 6.132**
Demontage der Kunststoffstoßstange

**Bild 6.133**
Reinigen nach dem Tempern zusätzlich
mit einem Schleifpad [3]

### Reparaturlackierung an Teilen aus Kunststoff

In den letzten Jahren hat sich die Lackierung von Kunststoffteilen in der Reparaturlackierung wesentlich vereinfacht. Mussten noch Anfang der 70er Jahre bei der Einführung von lackierten Kunststoffteilen für jede Sorte spezielle Grundierungen verwendet werden, so ist es heute möglich, mit einem einzigen Haftvermittler oder einem speziellen Primer und einen darauf abgestimmten Füller alle lackierbaren Kunststoffarten zu lackieren.

### Vorarbeiten an neuen Kunststoffteilen

Kunststoffteile weisen häufig restliche Treib- und Trennmittel auf. Um diese Mittel vollständig zu entfernen, muss das Kunststoffteil nachgetempert werden. Dazu legt man das Teil längere Zeit in die beheizte (50 °C) Trockenkabine. Anschließend muss noch gründlich mit Kunststoffreiniger nachgewaschen werden. Nach Abflüften der Reinigungsmittel (Ausdünsten über Nacht oder Tempern bei 50 °C bei einer Dauer von 30 bis 60 min) und leichtem Anschleifen der Oberfläche wird ein Haftvermittler in zwei Spritzgängen aufgespritzt.

### Elastifizierungsmittel

Verwendete Kunststoffe weisen sehr häufig eine höhere Elastizität als die Füllerschicht auf. Je nach Elastizität der zu lackierenden Teile werden dem Füller 10 bis 100% Weichmacher zugegeben. Wird das nicht berücksichtigt oder stimmt das Mischungsverhältnis nicht, so können bei Zug- und Druckbelastung Risse im Lackfilm auftreten.

### Instandsetzung von Kunststoffteilen

Bei der Reparaturlackierung von Kunststoffteilen sind keine Trennmittel, die entfernt werden müssen, vorhanden. Der Reparaturbereich wird gründlich gereinigt, entfettet und anschließend mit Schleifpad angeschliffen. Zum Ausgleichen von Unebenheiten wird ein elastischer 2K-Kunststoffspachtel verwendet. Nach dem sorgfältigen Planschleifen der Oberfläche wird ein Haftgrund wie bei Neuteilen aufgespritzt. Der Kunststoffspachtel macht Bewegungen eher mit als der Polyesterspachtel. Man muss aber die vorgeschriebene Schichtdicke unbedingt einhalten. Anschließend wird in einer möglichst dünnen Schicht, jedoch deckend, 2K-PUR-Füller oder Epoxidharz-Füller aufgetragen.

## Decklackierung bei Kunststoffteilen

Nach der Trocknung und dem Schleifen kann das vorbereitete Kunststoffteil decklackiert werden. Auch hier müssen dem Decklack 10 bis 100% Weichmacher zugesetzt werden. Die Elastizität des Lackes wirkt sich nicht negativ auf die Eigenschaften des Decklackes aus. Bei hohen Zugaben von Weichmachern kann es zur lasierenden Wirkung des Decklackes kommen, und der Farbton verändert sich leicht.

Folgende *Regeln* sollten bei Kunststoffbeschichtung beachtet werden:

❑ Kunststoffe so dünn wie möglich lackieren;
❑ je elastischer ein Kunststoff, desto elastischer der Lack (Elastifizierung);
❑ Kunststoffe so kurz wie möglich erwärmen (Verformungsvermeidung);
❑ Lackierung vor dem Spritzgang gut ablüften (Lösemittel).

**Bild 6.134**
Wasserbasislack-Applikation

## Spot repair

Spot repair ist die englische Bezeichnung für «punktuelle Reparatur».

*Anwendungsgebiet*
Kleinere bis handtellergroße Schadstellen. Bei der Spotlackierung wird nur der beschädigte Teil punktuell lackiert. Die behandelten Stellen können so möglichst klein gehalten werden. Auf liegenden Flächen wie z. B. Motorhaube können aber Farbtonunterschiede durch Lichtspiegelungen an den ausgebesserten Stellen sichtbar werden.

**Bild 6.135**
Klarlackauftrag

## Vorgehensweise einer Spot-repair-Lackierung

Die Reparaturfläche ist so klein wie möglich zu bearbeiten, die nicht bearbeiteten Flächen werden abgedeckt. Um einen weichen Übergang an der Spritzkante zu bekommen, verwendet man ein breiteres Klebeband, das man zu der lackierenden Fläche hochstehen lässt. Die Schadensstelle wird mit Nassschleifpapier P1000 ausgeschliffen. Die angrenzenden Flächen, die später ausgenebelt werden, sind mit Schleifpapier P1000…2000 ebenfalls leicht anzuschleifen. Die Reparaturfläche wird nun mit Silikonentferner gründlich gereinigt. Bei tieferen Kratzern oder Steinschlägen werden die Unebenheiten gespachtelt, vorgefüllt und anschließend mit Schleifpapier P800 mit wenig Druck erneut geschliffen. Es erfolgt anschließend eine Reinigung mit Silikonentferner.

**Bild 6.136**
Die Zielgröße der fertigen Reparatur sollte ein DIN-A4-Blatt nicht überschreiten. [3]

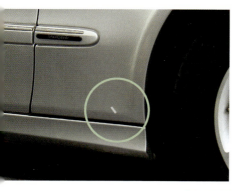

**Bild 6.137**
Kleine Steinschläge oder Kratzer sind typische Schäden, die als «Spot repair» gelten. Dabei wird die Gesamtgröße des Reparaturbereichs nicht durch den ursprünglichen Schaden, sondern durch den zu grundierenden Bereich bestimmt. [3]

Die Schadstelle wird nun punktgenau mit dem Basislack lackiert. Zur Randfläche hin wird ausgenebelt, anschließend wird der 2K-Decklack aufgespritzt. Nach der Durchhärtung wird die Fläche aufpoliert.

### Finish

Viele Kunden einer Lackierwerkstatt betrachten die Reparaturlackierung kritischer als eine Werkslackierung. Daher legt eine Reparaturlackiererei größte Sorgfalt auf das Finish. Die Finishaufbereitung bedeutet aber nicht das Waschen eines Wagens oder das Auftragen einer Politur auf der gesamten Karosserie.

### Staubeinschlüsse

Auch dem besten Lackierer passiert es, dass beim Auftragen der letzten Lackschicht Staubeinschlüsse, aber auch Lackläufer entstehen. Durch spezielles *Werkzeug* können diese kleinen Oberflächenmängel ohne Nachlackierung beseitigt werden:
- ❑ Schleifzylinder,
- ❑ Schleifski.

An beiden Schleifwerkzeugen wird das Schleifmittel durch Klebehaftung angebracht. Es kann trocken und nass geschliffen werden. Der Lackierer verwendet zwei unterschiedliche *Körnungen*:
- ❑ Körnung P1200> zum Vorschleifen von Läufern und größeren Lackdefekten,
- ❑ Körnung P1700> zum Ausschleifen von Staubeinschlüssen sowie zum Nachschleifen von Läufern vor dem Polieren.

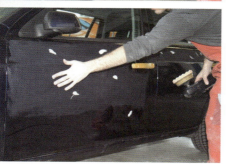

**Bild 6.138**
Polierarbeiten

### Polieren

Eine fachgerechte Politur setzt eine gute Maschine voraus. Hier verwendet der Lackierer eine rotierende Poliermaschine (Rotex). Die Rotexbewegung garantiert eine Politur ohne Fehler. Das allerbeste Polierergebnis wird mit einer guten Politur und einer Polierpaste sowie mit einem Polierschwamm erreicht.

**Bild 6.139**
Eingefärbtes Poliermittel

### 6.2.3 Lackfehler

**Schadensbilder an lackierten Flächen auf metallischem Untergrund**

Trotz vermeintlich guter Vorarbeit und Lackierung oder durch äußere Einflüsse passiert es immer wieder, dass die Lackschicht früher oder später Schädigungen aufweist.

Mangelnde bzw. falsche Vorbereitung des Untergrundes sowie nicht sorgfältiger Umgang mit den Lackmaterialien sind die häufigsten Fehlerquellen bei einer Reparaturlackierung.

Manchmal sind Lackfehler so schwach sichtbar ausgebildet, dass man nicht mehr exakt sagen kann, ob ein Fehler vorliegt oder ob die wahrgenommene optische Erscheinung noch als gute Lackierung zu bezeichnen ist. Bei der Autolackierung gibt es einen weitgestreuten Grenzbereich zwischen dem, was als einwandfrei, und dem, was als fehlerhaft angesehen werden kann.

Folgende *Anforderungen* können an eine gute Lackierung gestellt werden:

- ❑ Staubfreiheit,
- ❑ glatter und gleichmäßiger Verlauf der Oberfläche,
- ❑ Farbtongleichheit auch bei Teillackierung,
- ❑ gute Erosions-, Chemikalien- und Witterungsbeständigkeit.

Lackschäden können sowohl durch Verarbeitungsmängel, aber auch durch biologische, chemische und industrielle Einflüsse entstehen.

Ein Auto zu lackieren ist ein so komplexer Vorgang, dass hin und wieder auch erfahrenen Verarbeitern Fehler unterlaufen, deren Ursache bei der enormen Menge von Fehlerquellen meist nicht so einfach feststellbar ist.

**Fehler beim Lackiervorgang**

Staub- und Schmutzeinflüsse oder Unregelmäßigkeiten bei Farbton oder Glanz sind Lackiererfehler, die während des kompletten Lackiervorgangs von der Verarbeitung bis zur Lacktrocknung entstehen können.

**Bild 6.140**
Durchbluten von zwei Polyester-Spachtelstellen; Grund: zu viel Härter in der Spachtelmasse [3]

**Bild 6.141**
«Kocher» im Decklack. Gründe: zu starke Lackschicht, zu schnelles Erwärmen beim Trocknen. In allen Fällen haben sich Lösemittel durch den noch sehr frisch aufgetragenen Decklack gearbeitet. [3]

**Bild 6.142**
Geöffnete Blase mit Unterrostung. Der Decklackfetzen ist zurückgeklappt (oben) und zeigt das Spiegelbild des Flächenrostes (unten). Gründe: mangelhafte Blechvorbehandlung, Fingerschweiß nicht entfernt, Steinschlag-Spätschäden. [3]

**Bild 6.143**
Die Spritzpistolenführung ist wichtig für
ein gutes Lackierergebnis.

**Bild 6.144**
Für eine hochwertige Lackierung ist
Arbeitskleidung unbedingt erforderlich.

**Spritzpistole** (Bild 6.143)
Die Spritzwerkzeuge sind stets gründlich zu reinigen. Verunreinigungen gelangen zum Teil mit dem Lack auf die Oberfläche oder beeinträchtigen die richtige Funktion der Spritzpistole.

**Lackiererkleidung** (Bild 6.144)
Um eine hochwertige Lackierung zu erzielen, ist es absolut notwenig, eine fusselfreie und saubere Arbeitskleidung bei den Lackierarbeiten zu tragen. Hochwertige Lackiererkleidung ist von ihrem Aufbau her so ausgestattet, dass keine Fasern aus der Lackiererkleidung und der darunterliegenden Arbeitskleidung austreten können. Es ist eine Grundregel, dass der Lackieranzug nur in der Lackierkabine getragen wird.

**Reinigung und Vorbereitung**
Die zu lackierenden Teile sind gründlich vorzubereiten und zu reinigen. Nach dem Feinschliff wird zuerst im Vorbereitungsraum und anschließend die Endreinigung in der Lackierkabine durchgeführt. Hier wird die zu lackierende Fläche zuerst mit Druckluft – in Verbindung mit einer Abblasepistole – gereinigt und anschließend mit Silikonentferner mit einem fusselfreien Putztuch abgewischt. Vor dem letzten Reinigungsvorgang mit dem Staubbindetuch empfiehlt es sich, die Fläche nochmals abzublasen.

**Umgang mit Lack**
Die Lackmaterialien sind in entsprechenden Anmischräumen vorzubereiten. Es ist dabei zu beachten, dass sowohl Lack-Verdünnungs- und -Reinigungsgebinde als auch Lackmaterialien niemals im geöffneten Zustand abgestellt werden.
    Es könnten sich Staub und Schmutzpartikel in den Lackmaterialien ablagern, die Probleme bei der Verarbeitung schaffen. Der Lack sollte generell durch ein feinmaschiges Sieb gesiebt werden; dieser Vorgang sollte aber erst in der Lackieranlage erfolgen.

**Probleme aus dem Umfeld**
In einer Lackiererei treten häufig sehr hohe Schmutz- und Staubkonzentrationen auf. Sie kommen häufig aus *Nebenräumen* wie
❑  Finish-Räumen,
❑  Karosseriebau-Abteilungen,
❑  mechanische Werkstatt,
❑  Waschhallen.

## Checkliste zur Vermeidung von Lackierfehlern

*Vorarbeiten*

❑ Das zu lackierende Objekt und das Abdeckpapier müssen fusselfrei sein;

❑ Nähte, Ränder und Spalten außerhalb der Kabine gut ausblasen;

❑ Autoreifen mit antistatischer Hülle abdecken;

❑ die zu spritzende Oberfläche gut entfetten und mit sauberem, unbeschädigtem Staubbindetuch reinigen;

❑ gebrauchte Tücher in einem sauberen Raum – niemals in der Kabine selbst – für das nächste Fahrzeug aufbewahren;

❑ ausschließlich geeignetes Abdeckpapier verwenden (auf Zeitungen, Tüchern usw. sammelt sich Staub an).

*Kabine*

❑ Für eine aufgeräumte Kabine sorgen;

❑ kein Papier-, Klebeband- oder Farbreste hinterlassen;

❑ die Kabine muss regelmäßig gründlich gereinigt werden, um lose Staubkonzentrationen in den Ecken zu vermeiden;

❑ Funktion der Spritzpistole nicht an der Kabinenwand ohne Abdeckpapier überprüfen.

**Bild 6.145a**
Staubabsaugung am Schleiftisch

**Bild 6.145b**
Spritzpistolenaufbewahrung

**Bild 6.146**
Lackvorbereitungsbereich

**Bild 6.147**
Spritzstand

**Bild 6.148**
Öl- und Wasserabscheider

**Bild 6.149**
Mobile Absaugung

*Pistole*
- ❏ Pressluft nicht höher einstellen als unbedingt notwendig;
- ❏ Spritzpistole vor dem Spritzen gründlich reinigen;
- ❏ die Druckluft muss am Ende mit einem guten Öl-, Staub- und Wasserabscheider ausgestattet sein (Bild 6.149);
- ❏ den Pressluftschlauch regelmäßig mit einem Staubbindetuch reinigen, da sich sonst Overspray darauf festsetzen kann.

*Umgang mit Lack*
- ❏ Verunreinigungen im Lack vermeiden;
- ❏ Lack gut aufrühren;
- ❏ Lack unbedingt mit einem Metall- oder Papiersieb sieben (Siebe nur einmal benutzen).

*Beim Lackieren*
- ❏ sich ruhig und beherrscht in der Kabine bewegen;
- ❏ nach Möglichkeit sich nicht weit über das zu spritzende Objekt beugen;
- ❏ Luftschlauch bei Verlagerung nicht über die zu lackierende Fläche halten;
- ❏ keine unnötigen «Besuche» in der Lackierkabine.

### 6.2.4 Lackverunreinigungen und Ursachen

Die häufigsten Lackverunreinigungen sind Staubkörner, die sich auf der nassen Lackschicht abgesetzt haben. Meistens können sie noch auspoliert werden. Sind die Staubkörner jedoch im Lack versunken und größer als 14 µm, zeichnen sich kleine Erhebungen im Lack ab. Darum ist es äußerst wichtig, vor dem Lackieren die Oberflächen gründlich zu reinigen. Bei den folgenden Bildern sind Lackschäden dargestellt, und dazu werden Ursachen und Abhilfe erklärt.

▶ Unverträglichkeit von Füller und Untergrund
▶ Füller falsch eingestellt
▶ Füller in einem Auftrag zu dick gespritzt

▷ Abblätternden Füller vollständig entfernen, Neuauftrag mit
aufeinander abgestimmten Materialien in dünnen Schichten

**Hochziehen, Rissbildung**
Risskanten, z.T. mit Wölbung

▶ Spannungen zwischen Füller und Untergrund
▶ Trocknungsstörungen

▷ Decklack schleifen, ggf. neu füllern mit Silikonentferner reinigen,
schleifen mit P 600 bis P 800 und erneut Decklack spritzen
▷ Auf vorgeschriebene Objekt-, Lack- und Umgebungstemperatur
achten

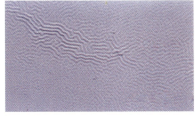

**Runzeln**
Größerflächige Erhebungen und
Senkungen

▶ Füllerstellen waren vor dem Decklackauftrag nicht ausreichend
durchgetrocknet
▶ Trockentemperaturen bei Wärmetrocknung über 80 °C
▶ Einsatz nicht geeigneter Verdünner

▷ Einzelne Schadstelle zunächst durch Polieren beseitigen
oder
▷ gesamte Fläche mit Silikonentferner reinigen, schleifen mit P 600
bis P 800 und Decklack spritzen

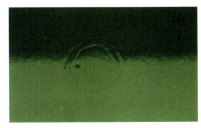

**Konturenbildung**
Füllerränder markieren sich im Decklack
durch feine, glanzlose Linien

▶ Starke «Riefen» in der Metalloberfläche
▶ Letzter Schliff vor dem Füller- und Decklackspritzen wurde mit zu
grobem Schleifpapier durchgeführt
▶ Zweimaliges Decklackspritzen mit Zwischenschliff, aber ohne
ausreichendes Zwischentrocknen
▶ Einsatz nicht geeigneter Verdünner

▷ Örtlich auftretende oder nicht im Sichtbereich liegende Stellen
polieren
▷ In anderen Fällen den vorhandenen Decklack mit
Silikonentferner reinigen, schleifen mit P 600 bis P 800 und
Decklack spritzen

**Bild 6.150** [4]

**Riefen im Lackaufbau**
Dünne Linien, z.T. mit aufgequollenen
Rändern

▶ Zu dicker Füllerauftrag
▶ Ablüftzeiten nicht eingehalten

▷ Decklack mit Silikonentferner reinigen, schleifen mit P 600 bis P 800 und erneut mit Decklack spritzen

**Blasen, Auskocher**
Kleine Bläschen größerer Häufigkeit im Decklack

▶ Poröser Spachtelauftrag unter der Füllerschicht
▶ Füllermaterial in einem Spritzgang zu dick aufgespritzt

▷ Poren mit Ziehspachtel verschließen
▷ Verarbeitungsrichtlinien beachten!

**Poren im Füller**
Kleine, nadelstichartige Vertiefungen

▶ Mischungsverhältnis der beiden Komponenten stimmt nicht
▶ Grundmaterial und Härter nicht ausreichend vermischt

▷ Nicht ausgehärtete Spachtelstellen entfernen
▷ Die Fläche reinigen und den Arbeitsvorgang unter Beachtung der Verarbeitungsrichtlinien erneut durchführen

**Weiche Oberfläche**
Spachtel härtet stellenweise nicht aus

▶ Verdunstung von Wassertropfen auf frisch lackierten und noch nicht ausgehärteten Lackierungen. Meist nur auf liegenden Karosserieflächen

▷ Vereinzelte, schwache Flecken mit Schleifpapier der Körnung P 1000 bis P 1200 anschleifen und anschließend polieren
▷ Mehrfach stärker auftretende Flecken: den vorhandenen Decklack mit Silikonentferner reinigen, schleifen mit P 600 bis P 800 und Decklack spritzen

**Wasserflecken**
Ringförmige, helle Flecken in der Lackoberfläche

**Bild 6.150** (Fortsetzung) [4]

▶ Zu dicker Lackauftrag
▶ Spritzpistole zu nah am Objekt
▶ Lackviskosität zu niedrig

▷ Fehlerstelle nach dem Trocknen mit Silikonentferner reinigen, schleifen mit P 600 bis P 800 und mit höher viskosem Lack überspritzen

**Streifenbildung**
Flächiger Lackablauf

▶ Mit unterschiedlichem Spritzabstand gearbeitet
▶ Pistolenführung falsch, uneinheitlich

▷ Decklack mit Silikonentferner reinigen, schleifen mit P 600 bis P 800 und erneut spritzen

**Wolkenbildung**
Unhomogener Metalleffekt

▶ Farbton nicht angeglichen
▶ Bei Farbwechsel; Spritzpistole, Lacksieb, Mischgefäß nicht ausreichend gereinigt

▷ Musterblech spritzen
▷ Spritzpistole, Lacksieb und Mischgefäß vor jedem Farbwechsel sorgfältig reinigen
▷ Betroffene Karosseriefläche mit Silikonentferner reinigen, schleifen mit P 600 bis P 800 und Decklack spritzen

**Farbtonabweichung**
Deutliche Unterschiede nach dem Trocknen

▶ Überlackierter Untergrund enthält »blutende« Pigmente oder löst sich an

▷ Farbauftrag abwaschen, neutralisieren und erneut Decklack spritzen

**Durchschlagen**
Flecken trotz sattem Farbauftrag

**Bild 6.150**  (Fortsetzung) [4]

**Spritznebel**
Stumpfe Lackoberfläche bei
Teillackierungen

► Abdeckung mangelhaft angebracht
► Spritzdruck zu hoch
► Luftumwälzung in der Spritzkabine zu gering
► Überdruck in der Spritzkabine zu hoch

▷ Spritznebel auf der Originallackierung mit geeigneter
Verdünnung vorsichtig abwaschen. Die gereinigte Fläche
anschließend polieren
▷ **Hinweis:**
Spritznebel auf nachlackierten Karosserieteilen kann **nur** durch
Polieren entfernt werden

**Staubeinschlüsse**
Staubpartikel ragen aus der
Decklackschicht heraus

► Fahrzeug nicht gewaschen
► Staubfilter in der Kabine verbraucht
► Druckausgleich in der Spritzkabine nicht vorschriftsmäßig
► Spritzkabine stark verschmutzt
► Spritzkleidung unsauber
► Lackierfläche nicht sorgfältig gereinigt

▷ Staubeinschlüsse entfernen: Nacharbeiten
▷ Nur saubere Fahrzeuge bearbeiten
▷ Staubfilter wechseln
▷ Kabine auf Überdruck einstellen
▷ Spritzkabine häufiger reinigen
▷ Fusselfreie Spritzkleidung verwenden und vor Betreten der
Kabine abblasen
▷ **Hinweis:** Ganzlackierungen und Dächer mit zwei Personen
abblasen

**Oberflächenstruktur**
Orangenschaleneffekt

► Lackviskosität zu hoch
► Decklack zu dick oder zu mager aufgespritzt
► Verarbeitungstemperatur zu hoch (>25 °C)
► Abdunstzeit nicht eingehalten
► Einsatz nicht geeigneter Verdünner

▷ Den Schaden durch Polieren beseitigen oder
▷ bei negativem Ergebnis den vorhandenen Decklack mit
Silikonentferner reinigen, schleifen mit P 600 bis P 800 und
Decklack spritzen

**Abblättern**
Lackschicht oder gesamter Lackaufbau
hebt ab

► Der Untergrund war zum Zeitpunkt des Beschichtens nicht frei
von Rost, Fett, Feuchtigkeit oder Körperschweiß
► Keine oder nur ungenügende Schleifarbeiten

▷ Betroffene Teile mit Gitterschnitt* prüfen, bis zu welcher Schicht
des Lackaufbaus die Haftungsmängel führen. Die betroffene
oder ganze Lackfläche mit Untergrund vollständig entfernen,
Lackierung neu aufbauen. Vor Decklackauftrag ganze Fläche
schleifen mit P 600 bis P 800
\* Lack mit scharfem Messer kreuzweise im Abstand von 1 bis
2 mm einritzen. Klebeband fest andrücken und ruckartig
abreißen

**Bild 6.150** (Fortsetzung) [4]

- ▶ Spachtelstellen wurden vor dem Decklackieren nicht gefüllt
- ▶ Lackviskosität zu hoch
- ▶ Decklackschichtstärke übernormal dick (Normal: 50 μm)
- ▶ Kabinentemperatur zu hoch (>25 °C)
- ▶ Abdunstzeit bei Wärmetrocknung bis 80 °C nicht eingehalten

▷ Die betroffene Lackfläche nach dem Durchtrocknen entweder mit Silikonentferner reinigen, schleifen mit P 600 bis P 800 und Decklack spritzen oder bei notwendigem Füllerauftrag den Decklack vollständig entfernen. Lackierung neu aufbauen. Vor Decklackauftrag ganze Fläche schleifen

**Poren**
Nadelstichartige Vertiefungen im Decklack, z. T. bis in den Füller

- ▶ Spritzdüse zu groß
- ▶ Lackschicht einen Spritzgang zu dick aufgetragen
- ▶ Abdunstzeit bei Wärmetrocknung bis 80 °C nicht eingehalten
- ▶ Einsatz nicht geeigneter Verdünner

▷ Die betroffene Lackfläche nach dem Durchtrocknen entweder mit Silikonentferner reinigen, schleifen und P 600 bis P 800 und Decklack spritzen oder bei notwendigem Füllerauftrag den Decklack vollständig entfernen und Lackierung neu aufbauen

**Auskocher**
Kleine aufgeplatzte Bläschen im Decklack

- ▶ Lackierfläche nicht ausreichend von Silikon- und Handschweißrückständen gereinigt
- ▶ Spritzluftfilter nicht funktionsfähig
- ▶ **Achtung!**
  Keinen Hammerschlageffekt in der gleichen Lackierkabine verarbeiten. Kratergefahr

▷ Die betroffene Lackfläche entweder mit Silikonentferner reinigen, schleifen mit P 600 bis P 800 und Decklack spritzen oder bei notwendigem Füllerauftrag den Decklack vollständig entfernen und Lackierung neu aufbauen. Vor Decklackauftrag ganze Fläche aufrauen

**Kratzer**
Nadelstichartige Vertiefung mit hochstehenden Rändern

- ▶ Füllerschicht war nach Nassschliff vor dem Decklackauftrag nicht ausreichend durchgetrocknet
- ▶ Trockentemperaturen bei Wärmetrocknung über 80 °C
- ▶ Einsatz nicht geeigneter Verdünner

▷ Einzelne Schadstelle zunächst durch Polieren beseitigen
oder
▷ gesamte Fläche mit Silikonentferner reinigen, schleifen mit P 600 bis P 800 und Decklack spritzen

**Bild 6.150** (Fortsetzung) [4]

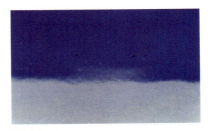

**Einsinken**
Glanzverlust im Decklack

▶ Lackmaterial versandet (Pigmentballung)
▶ Lagerzeit überschritten
▶ Lagertemperatur zu hoch (> 18 °C)

▷ Lackdose mit neuer Füllnummer ausfassen
▷ Betroffene Lackfläche mit Silikonentferner reinigen, schleifen mit
P 600 bis P 800 und Decklack spritzen

**Erhebungen**
(«Stippen»)
**Uni-Lack**
Griesige Oberfläche

▶ Metallik-Grundlack wurde zu trocken aufgespritzt, aus diesem
Grund konnten sich die Metallpigmente nicht in den Lackfilm
einbetten. Die zweite Schicht (Klarlack) deckt diese stehenden
Pigmente nur teilweise ab

▷ Ist keine Farbtonabweichung festzustellen, genügt es, die
«Stippen» mit Körnung P 1000 bis P 1200 abzuschleifen, die
Fläche mit dem Staubbindetuch zu reinigen und erneut Klarlack
zu spritzen

**Erhebungen** («Stippen»)
**Metallik-Lack:**
Herausragende Spitzen

▶ Nicht durchgehärtete Altlackierung. Einsatz nicht geeigneter
Grund-, Lack- oder Verdünnermaterialien

▷ Den betroffenen Decklack nach dem Durchtrocknen mit
Untergrund vollständig entfernen und Lackierung neu aufbauen.
Vor Decklackauftrag ganze Fläche schleifen

**Anbeizen**
Lackabhebung optisch ähnlich der
Wirkung eines Abbeizmittels

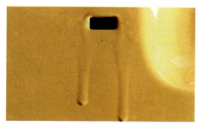

▶ Lackviskosität zu niedrig
▶ Spritzpistole zu nah am Objekt
▶ Spritzdruck zu niedrig
▶ Einsatz nicht geeigneter Verdünner

▷ Lackläufer nach dem Durchhärten mit Lackhobel abtragen,
danach Schadstelle mit kleinem Schleifklotz, Schleifpapier
(Körnung P 1000 bis P 1200) und Seifenwasser schleifen.
▷ Geschliffene Stelle mit Strahler trocknen und nach Erkalten
polieren

**Lackläufer**
Tropfiger Lackablauf

**Bild 6.150** (Fortsetzung) [4]

- ▶ Spritztechnik unregelmäßig
- ▶ Spritzbild fehlerhaft
- ▶ Farbdüse oder Luftkappe defekt
- ▶ Spritzabstand nicht eingehalten
- ▶ Druckluft, Lackmaterial oder Raumtemperatur zu kühl (<18 °C)
- ▶ Lackviskosität zu niedrig
- ▶ Einsatz nicht geeigneter Verdünner

- ▷ Farbdüse, Luftkappe und Farbnadel reinigen, ggf. ersetzen
- ▷ Lackmaterial auf Verarbeitungstemperatur erwärmen, Viskosität einstellen
- ▷ Nach Durchhärten des Decklacks Unebenheiten mit Lackhobel abtragen; Stelle polieren oder
- ▷ Decklack mit Silikonentferner reinigen, schleifen mit P 600 bis P 800 und Decklack spritzen

**Gardinenbildung**
Wellenförmiger Lackablauf an senkrechten Flächen

- ▶ Decklack wurde zu dünn gespritzt (<50 μm Trockenfilmstärke)
- ▶ Lackviskosität war zu niedrig

- ▷ Betroffene Karosseriefläche mit Silikonentferner reinigen, schleifen mit P 600 bis P 800 und Decklack spritzen

**Decklackschichtdicke**
Füllerstellen leuchten durch den Decklack

- ▶ Untergrund (besonders Polyestermaterial) vor dem Lackauftrag nicht ausreichend ausgetrocknet
- ▶ Zu hohe Luftfeuchtigkeit während des Spritzvorgangs
- ▶ Abdunstzeit bei Wärmetrocknung bis 80 °C nicht eingehalten

- ▷ Schadensumfang durch örtliches Abschleifen feststellen
- ▷ Die betroffene Lackfläche entweder mit Silikonentferner reinigen, aufrauen und Decklack spritzen oder bei notwendigem Füllerauftrag den Decklack vollständig entfernen und Lackierung neu aufbauen vor Decklackauftrag ganze Fläche schleifen

**Bläschenbildung**
Stecknadelkopfähnliche Erhebungen im Lackaufbau

- ▶ Salzrückstände aus dem Schleifwasser
- ▶ Ungenügende Reinigung vor dem Lackaufbau

- ▷ Lackierung bis auf das Blech im Schadensbereich großzügig abtragen, gründlich reinigen, Lackierung neu aufbauen
- ▷ **Hinweis:**
  Treten Schäden dieser Art häufiger auf ist es ratsam, entionisiertes Wasser zu verwenden

**Bild 6.150** (Fortsetzung) [4]

**Blasenbildung**
Ballonförmige Lackablösung

**Blasenbildung**
Durchschlagen von Handschweiß

▶ Unzureichende Haftung zwischen Lack und Untergrund als Folge von Verunreinigungen

▷ Je nach Tiefe des Schadens Lack und unterliegende Schichten abschleifen, Lackierung neu aufbauen.
▷ **Hinweis:**
  bei größeren Spachtelarbeiten an neulackierten Flächen Lufttrocknung anwenden

**Blasenbildung**
Wulstartige Lackwölbungen

▶ Diffusion von feuchten, aggressiven Niederschlägen

▷ Lackierung über den Schadensbereich hinaus großzügig abtragen, gründlich reinigen, erneuter, vollständiger Lackaufbau

**Bild 6.150** (Fortsetzung) [4]

**Aufgaben**

1. An welchen Teilen und Bereichen eines Autos werden Unterbodenschutzmaterialien aufgebracht?

2. Beschreiben Sie die Entfernung eines Unterbodenschutzes in der Reparaturlackierung.

3. Welche Materialien werden in der Hohlraumkonservierung eingesetzt?

# 6.3 Pkw-Serienlackierung

In der Automobilindustrie werden die Fahrzeuge in einer Serien- Karosserielackieranlage prozessgesteuert lackiert. Der Ablauf der Lackierung in der Produktion gleicht einer Fertigungsstraße und ist bis ins Kleinste durchrationalisiert.

Folgende *Arbeitsabläufe* werden in der Serienlackierung nacheinander erbracht:

❑ Blechvorbehandlung: Entfetten und Reinigen,
❑ korrosionsschützendes Phosphatieren,
❑ erste Lackschicht: kataphoretische Tauchlack-Grundierung,
❑ Dichtmasse und Feinabstimmung,
❑ zweite Lackschicht: Füller,
❑ Steinschlagschutz,
❑ dritte Lackschicht: farbgebende Decklackschicht oder Wasserbasislack,
❑ vierte Lackschicht: Decklack,
❑ Hohlraumversiegelung.

### Entfetten und Reinigen
Zuerst wird die Rohkarosserie von Fetten und Ölen gereinigt. Dazu wird sie in ein Reinigungsbecken getaucht und mit entfettenden alkalischen Reinigungsmitteln gereinigt. Anschließend muss sehr gut nachgespült werden, damit keine löslichen Salzreste zurückbleiben, die später die Korrosion fördern.

### Phosphatieren
Bei diesem Arbeitsvorgang wird die gesäuberte Karosserie in mehreren Schritten mit/in verschiedenen Phosphatsalzlösungen besprüht und getaucht. Es bildet sich dadurch eine kristalline Metall-Phosphat-Schicht (Konversionsschicht), die gegen Korrosion schützt und eine gute Lackhaftung gewährleistet.

### KTL-Tauchgrundierung
Nach einer Zwischentrocknung erhält die phosphatierte Karosserie eine kataphoretische Grundierung, indem das Werkstück in ein Tauchbad mit wasserverdünnter Grundierung komplett untergetaucht wird.

Die Kataphorese ist die Wanderung von positiv geladenen Teilchen in einer Flüssigkeit.

**Bild 6.151**
Opel-Serienlackierung [15]

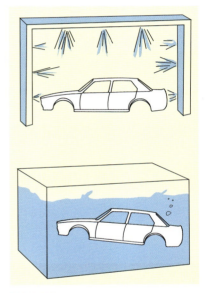

**Bild 6.152**
Reinigen und Entfetten

**Bild 6.153**
Karosserie vor dem Eintauchen [9]

**Bild 6.154**
KTL-Grundierung [9]

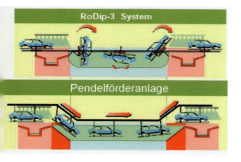

**Bild 6.155**
Vergleich RoDip-System – Pendelfördersystem
[9]

**Bild 6.156**
Unterbodenschutzauftrag

Die Karosserie wird an den Minuspol einer Gleichstromquelle angeschlossen und somit negativ geladen. Das Lackmaterial wird durch Anoden, die um das Becken angeordnet sind, positiv aufgeladen.

Die positiv geladenen Lackteilchen geben ihre Ladung an der negativ geladenen Karosserie ab und verlieren ihre Wasserlöslichkeit. Dabei scheidet sich der Lack an der Oberfläche der Karosserie ab. Es werden durch diese Verfahren alle Außenteile, Innenteile und Hohlräume gleichmäßig beschichtet und der Korrosionsschutz erhöht. Das überschüssige nicht haftende Material wird nun in einer Spülzone mit vollentsalztem Wasser entfernt. Anschließend kommt die grundierte, wassertropfenfreie Karosserie in einen Tunneltrocknungsofen. Dort härtet die KTL-Grundierung bei 160…180 °C aus.

### RoDip-Verfahren
Die Bezeichnung leitet sich vom Englischen «to roll» = rollen und «to dip» = eintauchen ab.

Anders als bei den bisherigen Vorbehandlungstauchanlagen wird die Karosserie nicht mehr nur horizontal befördert, sondern sie dreht sich innerhalb eines Tauchbeckens einmal um die eigene Achse.

### Dichtmasse und Feinabdichtung
Blechüberlappungen, Falznähte und Fugen werden mit Dichtmasse abgedichtet und versiegelt, um spätere Korrosion zu vermeiden.

### Steinschlagschutz
Steinschlaggefährdete Bereiche werden mit einem hochviskosen, elastischen Lackmaterial geschützt.

## Füllern

Der nächste Beschichtungsvorgang ist das Auftragen des Füllers. Der Füller wird im Wesentlichen elektrostatisch mit Robotern aufgetragen. Das Material dient zum Ausgleich kleiner Oberflächenmängel und bildet die Haftungsgrundlage für die Decklackierung. Der Füller wird bei 170 °C getrocknet. Eventuelle Unebenheiten oder Staubeinschlüsse werden nach dem Aushärten und Abkühlen ausgeschliffen und gründlich gereinigt.

## Decklackierung

Heute werden fast nur noch Zweischicht-Decklacke verarbeitet.

Die Decklackierung erfolgt in mehreren Arbeitsgängen. Hierbei werden häufig Rotationszerstäuber eingesetzt. Bei Zweischichtlackierungen wird der Klarlack nach einer Zwischenablüftzeit des Basis- oder Unilackes nass in nass aufgetragen. Beide Schichten werden bei ca. 135 bis 145 °C eingebrannt.

Metallic-Lack wird sowohl mit der Spritzpistole durch den Fahrzeuglackierer als auch mit Robotern aufgetragen.

## Hohlraumversiegelung

Die Hohlraumversiegelung mit Heißwachs erfolgt durch Fluten oder Aufspritzen und bildet den Abschluss des Lackierungsprozesses.

**Bild 6.157**
Decklackbeschichtung der Karosserie beim Automobilhersteller [1]

**Bild 6.158**
Decklackbeschichtung der Karosserie beim Automobilhersteller durch Spritzroboter [1]

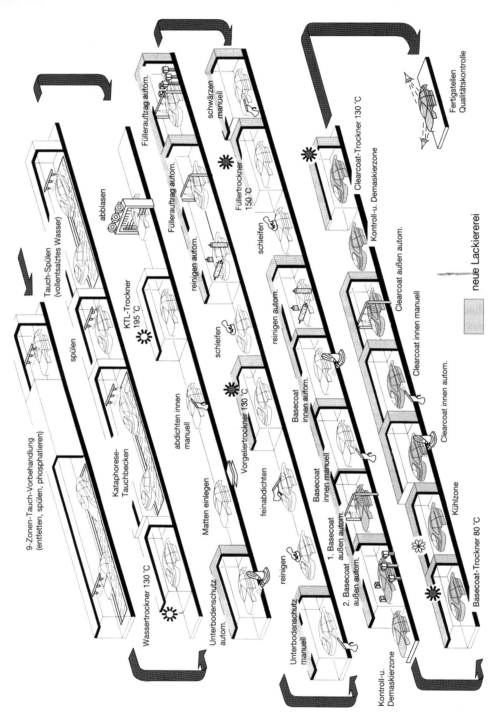

**Bild 6.159**
Ablaufschema eines gesamten Lackierprozesses [23]

## 6.3.1 Lackierwerkzeuge und Anlagen

Das Ergebnis einer hochwertigen Fahrzeuglackierung ist neben dem handwerklichen Können immer das Zusammenwirken von 3 *wichtigen Faktoren*:
❑ gute Druckluftaufbereitung,
❑ optimale Materialien,
❑ moderne Spritzsysteme.

Der Lackierer muss sie beherrschen und richtig miteinander kombinieren.
   *Druckluft* wird für die Materialapplikation benötigt:
❑ zur Materialförderung,
❑ zur Materialzerstäubung.

Es müssen daher einige Qualitätsforderungen an die Druckluft gestellt werden. Sie muss frei von Staub, Schmutz und Silikon sein. Es dürfen keine Kondensat- und Ölbestandteile vorhanden sein. Es muss ausreichend Volumen sowie ein konstanter Luftdruck als Garant für einen optimalen Betrieb sämtlicher eingesetzter, luftbetriebener Geräte zu Verfügung stehen.
   Reicht der Luftdruck nicht aus, so sind der Spritzstrahl und die Zerstäubung schlecht. Kompressorleitung und Luftverbrauch müssen daher aufeinander abgestimmt sein.

**Bild 6.160**
Hochwertige Lackierungen erfordern handwerkliches Können und den Einsatz von qualifizierten Werkzeugen und Geräten

**Bild 6.161**
Auftragen eines Wasserbasislackes

## 6.3.2 Luftdruckaufbereitung

**Membrankompressor**
*Merkmale*
❑ geringes Luftvolumen,
❑ ölfreie Druckluft.

*Einsatz*
❑ luftbetriebene Werkzeuge mit geringem Luftverbrauch.

**Kolbenkompressor**
Der Kolbenkompressor ist ein Hubkolbenkompressor.

*Merkmale*
❑ mittleres Luftvolumen,
❑ Leistungsverlust mit zunehmender Lebensdauer,
❑ Zuführung von Öl und Öldampf in der Luftleitung.

**Bild 6.162**
Membrankompressor [24]

**Bild 6.163**
Kolbenkompressor [24]

*Einsatz*
- ❏ Betrieb mit mittelgroßem Luftvolumen / Handwerksbetriebe.

### Schraubenkompressor

Der Schraubenkompressor besitzt zwei Rotoren mit ineinandergreifenden Schraubengängen, die sich in einem Gehäuse berührungslos drehen.

**Bild 6.164**
Schraubenkompressor [24]

*Merkmale*
- ❏ großes Luftvolumen,
- ❏ Zuführung von Öl und Öldampf in der Luftleitung.

*Einsatz*
- ❏ Betriebe mit hohem Luftvolumen / Industrie

### Druckluftreinigung

Je nach Kompressortyp und Kompressorbelastung wird Luft beim Verdichten mit Öl und Metallabrieb angereichert. Die vom Kompressor angesaugte Luft kann abhängig von der relativen Luftfeuchte beträchtliche Wassermengen enthalten, die bei der Kompression sich schließlich als Flüssigkeit niederschlägt. Feuchtigkeit, Öl- und Metallabriebverschmutzungen müssen von der Druckluft entfernt werden.

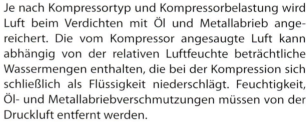

**Bild 6.165**
Druckluftfilter [24]

Mit einem Kältetrockner oder gegebenenfalls mit einem Adsorptionstrockner lassen sich der Hauptteil der Feuchtigkeit und das Öl direkt hinter dem Kompressor abfangen.

Im *nassen Netz* (ohne zentralen Trockner):
- ❏ Druckluftleitung mit mind. 2% Gefälle,
- ❏ Kondensatableiter an tiefster Stelle,
- ❏ Anschlussleitung nach oben,
- ❏ dezentrale Aufbereitung.

Im *trockenen Netz* (mit zentralem Trockner):
- ❏ Druckluftleitungen waagerecht,
- ❏ Anschlussleitungen senkrecht nach unten als Stichleitung.

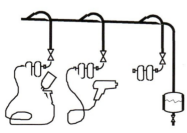

**Bild 6.166**
Leitungsnetz ohne zentralen Trockner [30]

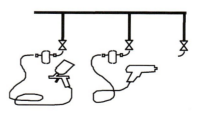

**Bild 6.167**
Leitungsnetz mit zentralem Trockner [30]

**Tabelle 6.4**
Der Luftdruckabfall in Schläuchen beim Lackspritzen

| Schlauchdurchmesser (innen) in mm | Betriebsdruck in bar | Druckabfall in bar bei Schlauchlänge | | |
|---|---|---|---|---|
| | | 5 m | 10 m | 15 m |
| ←6→ | 3 | 0,7 | 1,2 | 1,8 |
| | 4 | 1,0 | 1,6 | 2,2 |
| | 5 | 1,3 | 1,9 | 2,5 |
| | 6 | 1,5 | 2,2 | 2,8 |
| ←9→ | 3 | 0,23 | 0,38 | 0,60 |
| | 4 | 0,34 | 0,55 | 0,81 |
| | 5 | 0,43 | 0,63 | 0,92 |
| | 6 | 0,60 | 0,80 | 1,10 |

## Druckabfall

Wegen des Luft-/Druckabfalls in allen Leitungsteilen sollten die Wege kurz und die Leitungsquerschnitte weit gehalten werden. Tabelle 6.4 zeigt den Luftdruckabfall in Spritzschläuchen und Farbspritzgeräten). Es sollten daher Schläuche mit einem Innendurchmesser von mindestens 9 mm verwendet werden. Bei Schlauchlängen über 10 m und hohem Luftbedarf werden Innendurchmesser von 13 mm empfohlen (Tabelle 6.5).

## Achtung!

Bis zu 1,5 bar Druckverlust am Pistoleneingang können bei einer Schlauchlänge von 10 m und einem Innendurchmesser von 9 mm entstehen.

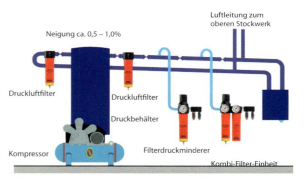

**Bild 6.168**
Druckluft(Ring-)leitung [24]

**Tabelle 6.5**
Luftbedarf verschiedener Druckluftgeräte bei einem Betriebsdruck von 6 bar

| | |
|---|---|
| Spritzpistole | 300…550 l/min |
| Ausblaspistole | 65…250 l/min |
| Exzenter-Schleifer | 800…2000 l/min |
| Flächenschleifer | 150…300 l/min |
| Bohrmaschine | 150…800 l/min |
| Schlagschrauber | 150…800 l/min |

**Bild 6.169**
Druckluftspeicher

**Bild 6.170**
Lackzerstäubung an der Farbdüse [24]

**Bild 6.171**
Fließbecher-Farbspritzpistole

### Druckluftspeicherung

Die meisten druckluftbetriebenen Maschinen und Geräte – insbesondere aber die Lackspritzpistolen – benötigen einen gleichmäßigen, druckschwankungsfreien Druckluftstrom. Die vom Kompressor erzeugte Druckluft wird in einem Kessel, der groß genug dimensioniert sein muss, beruhigt und gespeichert. Der Kessel dient als Vorratsspeicher. Wird Druckluft für Arbeiten entnommen, schaltet sich der Kompressor automatisch ein, wenn der Druck im Kessel unter einen festgelegten Druckwert sinkt. Wird der Höchstdruck wieder erreicht, schaltet sich der Kompressor aus.

## 6.3.3 Lackierwerkzeuge

**Spritzpistole**
Das wichtigste Werkzeug für den Fahrzeuglackierer ist und bleibt die Spritzpistole. Durch das Auftragen des Lackmaterials im Spritzverfahren können eine relativ gleichmäßige Schichtstärke und eine glatte, plane Lackoberfläche erreicht werden.

**Funktionsweise der Spritzpistolen**
Mit Hilfe von komprimierter Luft werden Lack oder andere spritzbare Materialien aus einem Behälter mitgerissen (Venturi-Prinzip) und während des Austrittes an der Düse zerstäubt, um so gleichmäßig auf die Oberfläche zu gelangen. Luft und Lack gelangen in getrennten Kanälen durch die Pistole und vermischen sich beim Austritt an der Luftkappe zu einem Spritzstrahl.

Die Spritzpistolen werden nach Art der *Materialzufuhrsysteme* benannt:
- Fließbecherpistole,
- Saugbecherpistole,
- Druckpistole.

**Fließbecherpistole** (Bild 6.171)
An der Spritzpistole befindet sich ein Fließbecher. Durch Drücken bis zum ersten Druckpunkt öffnet sich der Druckluftdurchgang. Druckluft gelangt zur Luftkappe und erzeugt beim Austritt ein Vakuum vor den Düsenbohrungen. Bei weiterem Abzug öffnet sich die Farbdüse durch Verschieben der Farbnadel, und das Lackmaterial wird mit hoher Geschwindigkeit zur Luftkappe gesaugt und zerstäubt. Hierzu muss die im Behälter vorhandene Druckausgleichsbohrung immer offen sein, da

sonst ein Vakuum entsteht und das Material nicht mehr fließen kann (Bild 6.172).

**Saugbecher-Spritzpistole** (Bild 6.173)
Das Prinzip der Luftzerstäubung ist mit der Fließbecher-Spritzpistole identisch. Der Unterschied liegt in der Becheranordnung. Beim Saugsystem befindet sich der Materialbehälter hängend an der Unterseite der Spritzpistole (Bild 6.173).

**Drucksystem** (Bild 6.174)
Bei diesem Spritzpistolensystem wird das Lackmaterial unter Druck gesetzt und so zur Luftkappe transportiert. Das Material kann in einem geschraubten Druckbehälter ähnlich dem Fließbecher beim Fließsystem oder ein an der Unterseite angebrachter Saugbecher sein. Der Druck wird in einem separaten Druckgefäß, Druckbecher oder durch eine Materialpumpe erzeugt. Dieses System wird normalerweise bei der Verarbeitung größerer Materialmengen benutzt (Bild 6.175).

Hier gibt es verschiedene Ausführungen. So können die Materialbehälter Rührwerke haben, um das Entmischen und Absetzen von den einzelnen Lackbestandteilen, wie Bindemittel Pigmente und Füllstoffen, zu unterbinden.

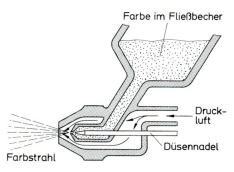

**Bild 6.172**
Prinzip des Fließsystems [4]

**Bild 6.173**
Saugbecher-Spritzpistole [30]

**Bild 6.174**
Druckbecherpistole [30]

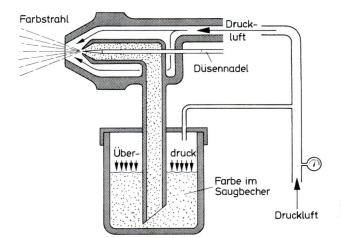

**Bild 6.175** Prinzip des Drucksystems [4]

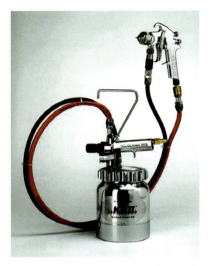

**Bild 6.176**
KB-522-B/KB-545-SS; 2 l Inhalt [30]

**Bild 6.177**
83C-220; 10 l Inhalt [30]

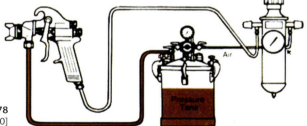

**Bild 6.178**
Spritzpistole mit Druckkessel [30]

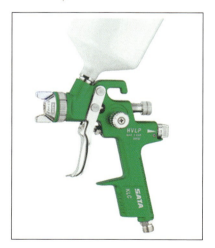

**Bild 6.179**
Fließbecherpistole HVLP [24]

Der Einsatz eines Druckgefäßes steigert die Leistung der Spritzpistole und verringert den Materialverbrauch (Bilder 6.176 bis 6.179).

**Nebelreduziertes Spritzverfahren**

Aus Umweltschutzgründen wurde Ende der achtziger Jahre das Niederdruckspritzverfahren interessant. Ausschlaggebend war dabei die «Rule 1151» von Los Angeles, in der das HVLP-Verfahren gefordert wurde.

Beim nebelreduzierten Niederdruck-Spritzen oder «HVLP-Verfahren» («*high volume, low pressure*» = hohes Luftvolumen bei niedrigem Druck) handelt es sich um ein Druckluftverfahren, das mit einem Düseninnendruck von maximal 0,7 bar arbeitet.

Durch die Verwendung großer Luftdüsen wird ein mit dem herkömmlichen Druckluftspritzen vergleichbarer Luft- und Lackdurchsatz erreicht. Es wird hier mit gerin-

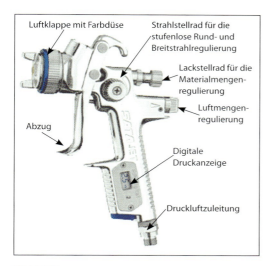

**Bild 6.180**
Prinzipieller Aufbau einer Spritzpistole [24]

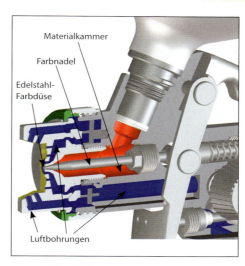

**Bild 6.181**
Querschnittszeichnung am Düsenkopf [24]

gerem Luftdruck gespritzt. Es entsteht dadurch eine etwas gröbere Zerstäubung, wodurch der Overspray verringert wird.

Dadurch kann der Lackverbrauch bis ca. 20% gegenüber dem herkömmlichen Hochdruckspritzen reduziert werden.

### Spritzbild

Vor dem Spritzen muss der Spritzstrahl eingestellt und die Spritzpistole auf eventuelle Funktionsstörungen geprüft werden. Hierfür wird ein Abdeckpapierstreifen an der Kabinenwand befestigt und aus ca. 15 cm Pistolenabstand einmal kurz auf das Papier gespritzt, um den Spritzstrahl zu kontrollieren.

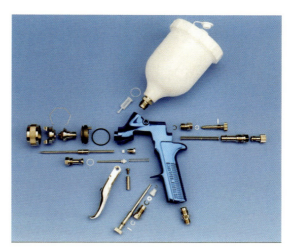

**Bild 6.182**
Komplett zerlegte Fließbecherpistole [30]

Bei auftretenden Störungen muss die Ursache ermittelt und behoben werden. Aus Bild 6.183 lassen sich einige Spritzstörungen den jeweiligen Ursachen zuordnen.

| Mögliche Funktionsstörungen | | |
|---|---|---|
| **Störung** | **Ursache** | **Abhilfe** |
| 1. Pistole tropft | Fremdkörper zwischen Farbnadel und Farbdüse verhindert Abdichtung | Farbnadel und Farbdüse ausbauen, in Verdünnung reinigen oder neue Farbdüse einsetzen |
| 2. Farbe tritt an Farbnadel – Farbnadelabdichtung aus | Selbstnachstellende Nadelabdichtung defekt oder verloren | Nadelabdichtung austauschen |
| 3. Spritzbild sichelförmig | Hornbohrung oder Luftkreis verstopft | In Verdünnung einweichen, dann mit SATA-Düsenreinigungsnadel reinigen. |
| 4. Strahl tropfenförmig oder oval | Verschmutzung des Farbdüsenzapfens oder des Luftkreises | Luftdüse um 180° drehen. Bei gleichem Erscheinungsbild Farbdüsenzäpfchen und Luftkreis reinigen. |
| 5. Strahl flattert | Nicht genügend Material im Behälter, Farbdüse nicht angezogen, selbstnachstellende Nadelabdichtung defekt, Düsensatz verunreinigt oder beschädigt | Material nachfüllen, Teile entsprechend anziehen, Teile reinigen oder auswechseln |
| 6. Material sprudelt oder „kocht" im Farbbecher | Zerstäubungsluft gelangt über Farbkanal in den Farbbecher, Farbdüse nicht genügend angezogen, Luftdüse nicht vollständig aufgeschraubt, Luftkreis verstopft, Sitz defekt oder Düsensatz beschädigt. | Teile entsprechend anziehen, reinigen oder ersetzen. |

**Bild 6.183**   Mögliche Funktionsstörungen einer Spritzpistole [6]

### Anwendung der Spritzpistole

Der Lackierer beginnt bei einem waagerechten Teilabschnitt mit dem Spritzen der Flächenkante, die ihm am nächsten liegt. So vermeidet er, dass sich der Farbnebel auf der lackierten Fläche absetzt und unsauber auftrocknet. Die Pistole wird parallel zur Lackierfläche und gleich-

**Bild 6.184**
Lackierpistolenführung in der
Praxis; links richtig – rechts falsch [2]

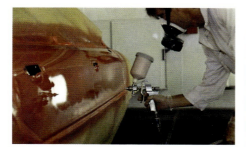
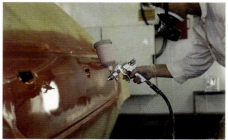

mäßig schnell bewegt (Bild 6.184). Um Ansätze zu vermeiden, muss jeder Streifen den vorhergehenden um die Hälfte überlappen (Bild 6.185). Damit sich keine Farbanhäufungen beim Spritzbeginn ergeben, wird mit dem Spritzen außerhalb der Lackierfläche begonnen. Der günstigste Spritzabstand beträgt 15 bis 25 cm (Bild 6.186). Zu großer Spritzabstand führt zu Nebelbildung und rauer Oberfläche (Bild 6.187). Bei zu geringem Abstand ist die Gefahr einer Läuferbildung sehr hoch.

**Bild 6.185**
Lackierpistolenführung [2]

**Bild 6.186**
Lackieren eines Kreuzgangs. Im ersten Arbeitsgang werden die Querstreifen lackiert und im zweiten die senkrechten.

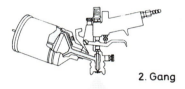

2. Gang

1. Gang

Kreuzgang

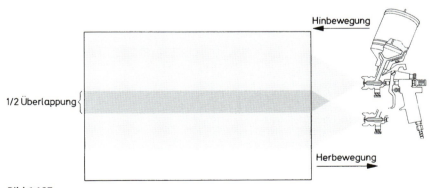

Hinbewegung

1/2 Überlappung

Herbewegung

**Bild 6.187**
Beim Lackieren in waagerechter oder senkrechter Richtung soll ein lackierter Streifen den vorhergehenden immer zur Hälfte überdecken, um gleich bleibende Schichtdicken zu erzielen. [4]

Für den Lackauftrag auf großen Flächen wird das Spritzen im Kreuzgang empfohlen. Hierbei wird am Rand der zu spritzenden Fläche begonnen und die Spritzpistole zuerst von links nach rechts und umgekehrt geführt. Wenn die Reparaturfläche einmal komplett überspritzt ist, wird von oben nach unten lackiert. Die gesamte Flä-

**Bild 6.188**
Arbeitsfolge beim Lackieren großer und zylindrisch gewölbter Flächen. Der Lackierer verändert seinen Standort, wenn er den nächsten Abschnitt beginnt. Beim Beginn eines neuen Abschnitts darf der alte noch nicht angetrocknet sein, weil es sonst Überlappungsprobleme gibt. [4]

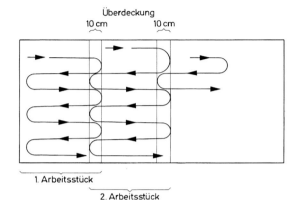

**Bild 6.189**
Richtige Stellung der Spritzpistole zum Objekt. Der Spritzkegel steht senkrecht zum Objekt. Durch Variieren des Spritzabstandes lassen sich die Spritzverhältnisse beeinflussen. Das ist besonders beim Nuancieren von Metallic-Lackierungen zu berücksichtigen. Weiterer Abstand lässt den Metalleffekt besser hervortreten, da beim Spritzen einer «trockenen» Schicht die Metallic-Partikel nicht so stark in das Bindemittel eingeschwemmt werden. [4]

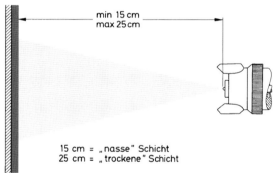

**Bild 6.190**
Zu weiter Spritzabstand der Spritzpistole zum Objekt führt zur Nebelbildung, weil ein Teil des Verdünnungsmittels schon verdunstet ist und die Lacktröpfchen dann beim Aufschlag nicht mehr zerfließen können. Ein Teil der Tröpfchen wird dann von der am Objekt zurückprallenden Druckluft als Nebel zurückgeschleudert und an die Umgebungsluft abgegeben. Ein Teil des Farbnebels setzt sich als rauer Belag auf dem Objekt ab. [4]

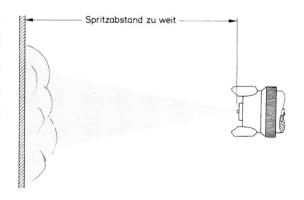

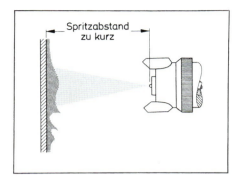

**Bild 6.191**
Bei zu kurzem Spritzabstand wird eine große Materialmenge mit hoher Geschwindigkeit auf eine kleine Fläche geschleudert. Auch die große Luftmenge trifft mit großer Energie auf die kleine Fläche und schiebt beim Aufprall auf das Objekt das dort bereits hingespritzte Material: Es entstehen Nasen, Läufer, Gardinen und Wellen. [4]

che ist bei einem Kreuzgang doppelt mit Lack- und Vormaterialien überzogen.

### Pistolenreinigung

Nach dem Lackieren ist die Spritzpistole gründlich zu reinigen. Spritzpistolen, mit denen lösemittelhaltige Lacke verarbeitet wurden, werden in Reinigungsanlagen mit organischen Lösemitteln gereinigt. Diese Pistolenreinigungsanlagen schützen nicht nur den Fahrzeuglackierer und die Umwelt vor Lösemittelemissionen, sondern Reinigungsmittel können durch sparsamen Verbrauch und Destillation eingespart werden.

**Bild 6.192**
Nasshaltevorrichtung SATA Clean für Spritzpistolen [24]

Wasserbasislacke lösen sich nach dem Verdunsten des Verdünnungswassers durch Wasser nicht mehr an. Diese Materialien trocknen an der Luft schnell zu einem wasser- und lösemittelbeständigen Lackfilm. Deshalb muss die komplette Spritzpistole nach dem Spritzen mit Wasser grob vorgereinigt werden. Am rationellsten wird die Reinigung in einer Spritzpistolen-Reinigungsanlage für Wasserlacke durchgeführt. Die Pistolen werden in dem Reinigungsautomat mit VE-Wasser (voll entsalztes

**Bild 6.193**
Pistolenwaschautomat SATA Multi-clean [24]

**Bild 6.194**
Waschraum

**Bild 6.195**
Elektrisch angetriebene Kolbenpumpe [31]

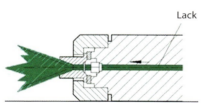

**Bild 6.196**
Airless-Spritztechnik [31]

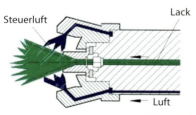

**Bild 6.197**
Airless-Spritztechnik mit Luft-
unterstützung [31]

Wasser) und Reinigungszusätzen gereinigt. Wasserlack-Partikel trocknen sehr schnell an und können anschließend nur mit erhöhtem Reinigungs- und Zeitaufwand entfernt werden. Bei kurzfristig unterbrochenen Spritzarbeiten sollte die Lackierpistole während der Arbeitsunterbrechung mit dem Düsenbereich in ein Wasserbad getaucht werden. Nach der Grobreinigung wird die Spritzpistole teilweise zerlegt und grundgereinigt. Dazu baut man den Düsensatz komplett aus und schraubt den Farbbecher ab. Nun werden mit einem Pinsel die einzelnen Geräteteile gründlich gesäubert und nachgespült.

Nach dem Trockenreiben wird die Spritzpistole wieder zusammengebaut.

**Airless-Spritzsystem**
Airless-Spritzen bedeutet Spritzen mit Materialdruck. Die Zerstäubung erfolgt nur durch Druck, luftlos (*airless*). Das Airless-Gerät bringt das Spritzmaterial auf einen Druck von bis 250 bar und presst es über den Schlauch und die Pistole durch eine Hartmetalldüse. Beim Entspannen außerhalb der Düse zerstäubt das Material.

Folgende Spritzsysteme kommen zu Einsatz:
❑ elektrische Kolbenpumpe,
❑ luftangetrieben (pneumatische) Kolbenpumpe (Bild 6.197);
❑ benzinangetriebene Kolbenpumpe,
❑ elektrische Membranpumpe,
❑ benzinangetriebene Membranpumpe.

*Vorteile*
❑ Spritzverfahren mit wenig Overspray;
❑ hohe Flächenleistung;
❑ hohe Arbeitsgeschwindigkeit;
❑ sehr gut für Materialien mit hohem Festkörper;
❑ auch hochviskose Materialien lassen sich verarbeiten, dadurch sind hohe Schichtstärken in einem Arbeitsgang möglich.

*Nachteile*
❑ gröbere Zerstäubung als bei konventionellen Luftspritzen;
❑ die Auftragsmenge und die Spritzstrahlbreite lassen sich in der Regel nur durch Düsenwechsel verändern;
❑ nur bedingt geeignet für die Beschichtung von Kleinteilen;
❑ es wird relativ viel Material für die Befüllung von Pumpe und Schlauch benötigt (sinnvoll ab ca. 0,5 Liter).

Luftunterstützte Airless-Spritzverfahren zerstäuben den Lack über Materialdruck. Um den Spritzstrahl weicher zu bekommen, wird an der Düse noch Luft beigemischt.

**Atemschutz**
Bei der Verarbeitung von Farben und Lacken tritt immer eine gesundheitsgefährdende Belastung durch Dämpfe und Partikel auf.

Der Grad der Gefährdung hängt nicht nur von der Art und Konzentration der Stoffe ab, sondern auch von der Schwere der Arbeit, da durch verstärkte Atmung mehr und tiefer eingeatmet wird.

**Bild 6.198**
Umgebungsluftabhängiges Gerät [24]

Die Lackindustrie empfiehlt auch bei gut ausgerüsteten Spritzkabinen und kurzfristiger Belastung, sowohl bei lösemittelhaltigen als auch bei wasserbasierten Lacken, Atemschutz zu tragen.

Bei Schleifarbeiten sind je nach Belastung Partikelfilter der Klasse P 1, P 2, oder P 3 zu verwenden.

Partikelfiltrierte Halbmasken dürfen nicht länger als 1 Tag eingesetzt werden.

Der **Unternehmer** muss den versicherten Mitarbeitern qualifizierten Atemschutz zu ihrer persönlichen Benutzung zur Verfügung stellen.

Der Mitarbeiter muss bei möglicher Gefährdung die Atemschutzmasken benützen.

Es können zwei verschiedene *Atemschutzsysteme* zum Einsatz kommen:

❑ umgebungsluftabhängiges Filtergerät (Bild 6.198),
❑ umgebungsluftunabhängiges Filtergerät (Bild 6.199).

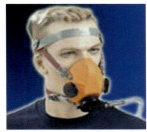

**Bild 6.199**
Umgebungsluftunabhängige Geräte [24]

Für organische Gase und Dämpfe werden je nach Belastung Filtertypen mit den Kennbuchstaben und Filterstufen A 1 und A 2 und der Kennfarbe Braun verwendet.

**Lackmischanlage**
Um eine schnelle Verfügbarkeit und keine zu große Lagerhaltung für die Lackmaterialien zu haben, verwenden die Lackierwerkstätten Mischsysteme und Farbmischanlagen.

So kann der Fahrzeuglackierer aus den Mischlacken fast alle erforderlichen Farbtöne selber mischen.

Der Lackhersteller liefert hierfür auf verschiedenen Medienträgern die Mischformeln.

Die Mischlacke stehen in einer mit einem Rührwerk ausgestatteten Farbtonmischanlage. Zum Einwiegen der einzelnen farbgebenden Komponenten stehen Prä-

**Bild 6.200**
Lackmischanlage

**Bild 6.201**
Einzelne Farbpasten in einer
Farbmischanlage

**Bild 6.202**
Präzisionswaage zur Herstellung von
Mischlacken

**Bild 6.203**
Lackierkabine

zisionswaagen, die die Mischformeln und alle dazuge-
hörigen *Informationen* wie
❑ Farbton für Anbauteile,
❑ Farbton mit eingeschränktem Deckvermögen,
❑ Nuance vorhanden,
❑ Dreischichtfarbton mit Vorlack …,
❑ Beispritzen empfohlen usw.,

gespeichert haben. Die erforderlichen Mischdaten werden regelmäßig, teilweise auch monatlich, aktualisiert.

Bevor ein Farbton gemischt wird, muss das Rührwerk
der Mischanlage die Materialien gut aufrühren, um ein
gleichmäßiges Vermischen der einzelnen Bestandteile
der Mischlacke und Farbpasten zu gewährleisten. Bei
längerem Stehen setzen sich die Pigmente ab. Dies kann
sich sehr negativ auf den gewünschten Farbton auswir-
ken. Vor Beginn des Farbspritzens ist es ratsam, den Farbton des gemischten Materials nochmals mit dem Fahrzeug zu vergleichen und gegebenenfalls den Farbton
nachzunuancieren, um ein bestmögliches Ergebnis zu
erzielen.

### Lackierwerkstätte

Die Lackierarbeiten müssen unter Einhaltung aller Sicherheitsbestimmungen und -vorschriften durchgeführt
werden. Um ein bestmögliches Endergebnis zu erzielen,
müssen die Bedingungen stimmen und die notwendigen Anlagen, Geräte und geeigneten Hilfsmittel zur
Verfügung stehen.

Der Lackierbetrieb gliedert sich in vier Hauptbe-
reiche:
❑ Vorbereitungsraum und Lacklager,
❑ Vorbereitungszone,
❑ Lackier- und Trockenanlage,
❑ Nacharbeitsbereich.

### Vorbereitungsraum und Lacklager

Lackmaterialien dürfen nicht in der Werkstatt, in der Kabine und auch nicht im Freien gelagert werden. Sie
werden in einem separaten Lacklager gelagert. Bei der
Lagerung von Lacken, Zusatz- und Hilfsstoffen müssen
die Vorschriften der Lagerstättenverordnung beachtet
werden.

**Bild 6.204**
Vorbereitungszone für Montagearbeiten

**Bild 6.205**
Lagerraum für Lackmaterialien

## Lackvorbereitung

Hier erfolgt die *Aufbereitung* der Lackmaterialien:

- ❏ das Öffnen der Gebinde,
- ❏ das Aufrühren,
- ❏ das Ausmischen und Nachtönen eines Farbtons,
- ❏ das Zudosieren von Härtern und Verdünnung,
- ❏ das Kontrollieren der Viskosität,
- ❏ das Sieben.

**!** ***Bei der Lagerung und Zubereitung von Lackmaterialien und Hilfsstoffen sind verschiedene Richtlinien und Vorschriften unbedingt einzuhalten.***

**Bild 6.206**
Abmontierte Stoßstange in der
Vorbereitungszone

## Vorbereitungszone und -plätze

In der Vorbereitungszone wird das Fahrzeug gründlich für die Lackarbeiten in der Spritzkabine vorbereitet, wie:

- ❏ gereinigt, entfettet, entstaubt, gespachtelt, geschliffen und abgeklebt.

Es muss eine leistungsfähige Absauganlage installiert sein, um anfallende schädliche Stäube und schädliche Dämpfe zu entfernen.

## Spritzkabine

Die Kabine dient zum Lackieren von Werkstücken und ist der Angelpunkt für das Erreichen einer hochwertigen Lackierung.

Das zu lackierende Objekt wird in die Spritzkabine, die ein geschlossener Raum ist, gestellt. Die Aufgabe der Anlage besteht in der Reinigung und Erwärmung der

**Bild 6.207**
Innenansicht einer Spritzkabine

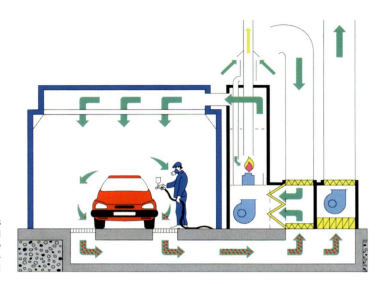

**Bild 6.208**
Frischluftzuführung und
Gebrauchtluftabführung sowie
Umluftgestaltung einer Lackier-
kombikabine [1]

Zuluft sowie der Reinigung der verunreinigten Abluft. Die Luft gelangt über einen Zuluftventilator von oben über die Feinfilterdecke in die Kabine und wird von einem Lufterhitzer auf Raumtemperatur erwärmt. Die Luft wird am Objekt vorbeigeführt und über die Bodengitter mit Fußbodenfilter abgesaugt. Die Luftverunreinigungen (Lacknebel) werden in den unter der Berostung angeordneten Filtermatten aufgefangen. Die von festen Lackpartikeln gereinigte Luft wird über einen Aktivkohlefilter nach oben ins Freie geleitet. Die Decken- und Bodenfilter müssen regelmäßig gewechselt werden. Um keinen Staub zusätzlich beim Öffnen der Kabinentür in die Spritzkabine zu bekommen, muss ein minimaler Überdruck in der Kabine herrschen. Für gute Lichtverhältnisse sorgen im Mittelbereich der Kabine angebrachte Leuchtkörper, die 1000 Lux Beleuchtungsstärke aufweisen.

**Lacktrocknungsanlagen**
Aus Zeit-, Umwelt- und Ergebnisgründen werden Lacktrocknung und Aushärtung mit geeigneten Einrichtungen und Geräten beschleunigt. Der Lack muss vor dem Aufheizen erst einige Minuten ablüften.

❏ **Standtrocknungsgeräte**
Werden nur kleine Ausbesserungs- und Reparaturarbeiten an der Fahrzeugoberfläche ausgeführt – vor allem nach dem Auftragen von Grundierungen und

**Bild 6.209**
Innenansicht einer Trockenkammer

Füller –, werden aus Kostengründen Standtrocknungsgeräte verwendet.

### ❑ Infrarottrockner

Ein Infrarotstrahler beschleunigt die Trocknung durch Wärmestrahlung. IR-Strahlen durchdringen die Luft und die Lackschicht bis zum Metalluntergrund. Es wird dabei die Luftschicht nicht erwärmt. Der Metalluntergrund erwärmt sich und überträgt die Wärme an die darüberliegende Lackschicht. Es erfolgt so die Trocknung von innen nach außen. Weitere *Vorteile* sind:

- – hohe Wärmeübertragung mit kurzer Aufheizzeit,
- – geringerer Energieaufwand,
- – kein Wärmeverlust durch Erwärmung der Umgebungsluft,
- – hohe Umweltverträglichkeit und Arbeitssicherheit

Es gibt drei *Arten* von Infrarottrocknern:
- – Infrarotstrahler mit kurzwelliger Strahlung zwischen 0,8 und 2,0 µm,
- – Infrarotstrahler mit mittelwelligen Strahlen zwischen 2,0 und 4,0 µm,
- – Infrarotstrahler mit langwelligen Strahlen zwischen 4,0 und 6,0 µm.

**Bild 6.210**
Kurzwelliges Infrarotstrahlgerät
für die Trocknung

**Tabelle 6.6**
Trocknungszeiten mit Infrarotstrahler

| Trocknungszeiten Infrarotstrahler bei einem Abstand von ca. 80 cm | |
|---|---|
| Material | Trocknungszeit |
| Polyesterspachtel | 2 Minuten |
| Spritzspachtel | 2…7 Minuten |
| Wasser-Grundierfüller | 7…9 Minuten |
| Grundierungen | 3…8 Minuten |
| Wasserbasislack | 4…7 Minuten |
| Decklackierung | 7…10 Minuten |

**Bild 6.211**
Mobiles Infrarotstrahlgerät

**Bild 6.212**
Wärmestrahler

### Trocknungskabinen

Die Trocknungskabinen lassen sich unterscheiden in Kombikabinen und separaten Spritzkabinen und Trocknern, die nebeneinander oder hintereinander stehen können.

Als Kombianlage bezeichnet man eine geschlossene Spritzkabine, die gleichzeitig als Trockenkammer eingesetzt wird. Die Temperatur in der Kombianlage lässt sich auf 60 °C, 80 °C oder bedarfsweise auch höher regeln. Diese Temperaturen beschleunigen die physikalische Verdunstung der Lösemittel und die chemische Erhärtung der Lackbindemittel. Der Temperaturanstieg erfolgt schrittweise und wird von der Trockenkammer automatisch gesteuert.

**!** *Bei zu schneller Temperaturerhöhung oder zu geringen Ablüftzeiten kann es zu Kocherbildung kommen.*

Reine Trocknungskabinen kommen nur noch in größeren Lackierbetrieben zum Einsatz. Die Trockenkabinen sind jeweils rechts und links an der Spritzkabine angeordnet und durch Rolltore voneinander getrennt. Die Fahrzeuge werden durch rollbare Plattformen seitlich verschoben und ermöglichen so einen hohen Durchsatz an Fahrzeugen, da der Spritzbetrieb nicht durch den Trocknungsvorgang behindert wird.

### Nacharbeitsbereich

Im Nacharbeitsbereich werden die Abdeckmaterialen von fertig lackierten Fahrzeugen entfernt und kleine Nachbesserungen durchgeführt.

**Bild 6.213**
Polierarbeiten

**Bild 6.214**
Nacharbeiten

## Entsorgung – Abfallbeseitigung

Das Kreislaufwirtschafts- und Abfallgesetz mit den zugehörigen Verordnungen regelt die Abfallbeseitigung.

Die Lackierbetriebe müssen Reststoffe nach Verwertungs- und Entsorgungswegen trennen und korrekten Transport und Entsorgung nachweisen.

Eine völlige Vermeidung von Abfällen ist nicht möglich. Filtermatten, Schleifstauberfassung, Abdeckpapier, Schleifpapier und Lackschlamm aus Pistolenreinigungsgeräten usw. fallen arbeitsablaufbedingt immer an. Vermeidung und Verwertung haben aber Vorrang vor Entsorgung.

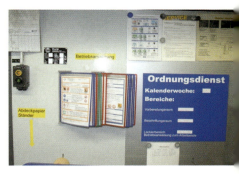

**Bild 6.215**
Ordnung und Sauberkeit in einem Fahrzeuglackierbetrieb sind absolut notwendig.

## Vermeidung von Abfällen

Durch rationelles Arbeiten, z. B. Einsatz von Lackmischanlagen (es wird nur die erforderliche Menge ausgemischt), Einsatz von Schleifmitteln mit langer Standzeit oder Einsatz von nabelarmen Spritzpistolen können Abfallmengen verringert werden.

## Verwertung

Durch Wahl geeigneter Verpackungsmaterialien kann die Verwertung erleichtert werden. Durch Restentleerung von Gebinden können diese der Verwertung zugeführt und durch Destillation von verschmutzter Reinigungsverdünnung kann der Abfall reduziert werden.

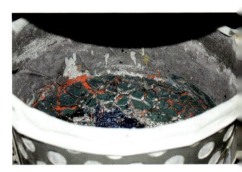

**Bild 6.216**
Lackreste werden in einem gesonderten Behälter aufgefangen.

## Abfall

So fällt nur ein kleiner Anteil von Abfällen an, die entsprechend der gültigen Abfallvorschriften und -verordnungen zu entsorgen sind.

## Pulverlack

Bei Pulverlack handelt es sich um einen festen, pulverförmigen Beschichtungsstoff ohne flüssige Anteile. Die Pulverlackrohstoffe sind Harze, Pigmente, Füllstoffe und Additive. Sie werden in einem dreistufigen Produktionsverfahren (Vormischen – Extrudieren – Mahlen) zu einem feinen Lackpulver verarbeitet. Die Korngrößen des Pulverlackes liegen zwischen 40 und 50 μm.

Der Pulverlack wird elektrostatisch auf den Untergrund aufgesprüht. Dazu transportiert Druckluft das Lackpulvermaterial zur Sprühdüse. Unmittelbar vor dem Auftragen wird das Pulver mit einer Spannung von bis zu 80 000 V elektrisch aufgeladen. Durch die elektrischen Anziehungskräfte zwischen Werkstück und Farbpulver bleiben die Partikel auch an kritischen Stellen der Karos-

**Bild 6.217**
Unsachgemäße Aufbewahrung von Lackierabfällen

**Bild 6.218**
Mit Pulverlack beschichtete Felge

**Bild 6.219**
Smart-Rückenlehnenteil, gepulvert

**Bild 6.220**
Industrielle Pulverbeschichtungsanlage

serie haften. Anschließend wird der Pulverlack durch Wärme und/oder Strahlung bei 140 °C aufgeschmolzen. Es bildet sich eine gleichmäßige und hochwertige Beschichtung auf dem Untergrund.

*Vorteile der Pulverlackbeschichtung*
❑ qualitativ hochwertige Beschichtungen;
❑ umweltfreundliche Lackierung, da das System lösemittelfrei ist und je nach Rückgewinnungssystemen eine Materialausnutzung von 92% bis 99% erlaubt;
❑ praktisch verlustfreies Beschichten;
❑ emissionsärmstes Lackierverfahren – Emission beim Einbrennvorgang liegt unter 1%, davon sind 70 bis 90% Wasseranteil;
❑ hoher Automatisierungsgrad, dadurch auch gleich bleibende Qualität.

*Schwächen der Pulverlackierung*
❑ relativ aufwendiger Farbwechsel;
❑ Farbkorrektur beim Verarbeiter nicht möglich;
❑ relativ hohe Schichtdicken;
❑ Objekte müssen eine gewisse Temperaturstabilität aufweisen wegen der hohen Schmelz- und Trocknungstemperaturen.

**Bild 6.221**
Pulverchips vor der Vermahlung

## Pulverlack in der Reparaturlackierung

Eine Reparaturlösung mit Pulverlacken ist bisher noch nicht entwickelt. Das vorhandene System erfordert noch hohe Einbrenntemperaturen, die in der Reparaturlackierung nicht möglich sind. Interessant werden aber die UV-härtenden Pulverlacksysteme, die schon fertig entwickelt sind und demnächst von einem Automobilhersteller in der Autoserienpulverlackierung als Decklack eingesetzt werden.

Fahrzeuge mit Pulverbeschichtung können mit herkömmlichen Lacken in der Reparaturlackierung instand gesetzt werden.

**Bild 6.222**
Pulverklarlackbeschichtung in der Serie [9]

## Pulverlack in der Automobilserienfertigung

In der Serienlackierung wird Pulverlack als Decklack bei den Zweischichtlackierungen eingesetzt. Es werden pigmentiertes Pulver (Smart) und Pulverklarlack (BMW in Dingolfing) in der Serienlackierung eingesetzt. Mercedes setzt ein wasserverteiltes Pulverlacksystem (Pulver-Slurry-Verfahren) in der Serienlackierung der A-Klasse ein (Bild 6.223). Der Klarlack auf Pulverbasis verleiht der Fahrzeugoberfläche höhere Brillanz und besseres Aussehen.

**Bild 6.223**
Mercedes-Benz-A-Klasse

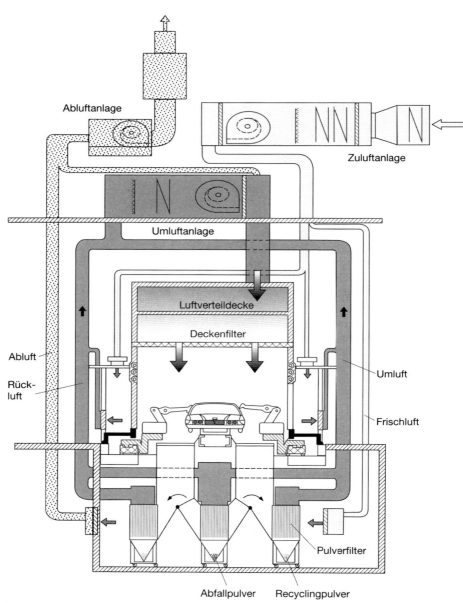

**Bild 6.224**
Zu- und Abluftanlage für die Pulverlackapplikation in der Serie [1]

**Aufgaben**

1. Nennen Sie die Arbeitsabläufe, die in einer Serienlackierung nacheinander erbracht werden müssen.

2. Beschreiben Sie den Arbeitsablauf einer KTL-Tauchgrundierung.

3. Nennen Sie drei wichtige Faktoren, die neben dem handwerklichen Können für ein gutes Ergebnis in der Fahrzeuglackierung verantwortlich sind.

4. Welche verschiedenen Kompressortypen werden für die Druckluftaufbereitung verwendet?

5. Erklären Sie, weshalb die Druckluft gereinigt werden muss.

6. Wie hoch kann der Druckluftverlust am Spritzpistoleneingang bei einer Schlauchlänge von 10 m und einem Innendurchmesser von 9 mm sein?

7. Beschreiben Sie, warum die Druckluft in einem Windkessel gespeichert werden muss.

8. Nennen Sie die unterschiedlichen Materialzuführungssysteme bei Spritzpistolen.

9. Erklären Sie das Prinzip einer Druckpistole.

10. Erklären Sie das HVLP-Verfahren.

11. Nennen Sie 5 wichtige Punkte, die bei der Pistolenreinigung beachtet werden müssen.

12. Welche Spritzsysteme kommen in den Airless-Spritzverfahren zum Einsatz?

13. Zählen Sie die Vorteile eines Airless-Spritzverfahrens auf.

14. Nennen Sie die Nachteile eines Airless-Spritzverfahrens.

15. Welche Verpflichtung hat der Unternehmer gegenüber seinen Mitarbeitern beim Umgang mit schädlichen Lösemitteln?

16. Nennen Sie zwei unterschiedliche Atemschutzsysteme.

17. Warum werden Lackmischanlagen in der Lackierwerkstätte eingesetzt?

18. In welche vier Arbeitshauptbereiche gliedert sich ein Fahrzeuglackiererbetrieb?

19. Welche Arbeiten werden in der Lackvorbereitung durchgeführt?

20. Erklären Sie die Trocknungswirkung eines Infrarottrockners.

21. Welche drei verschiedenen Arten von Infrarottrocknertypen werden in der Fahrzeugreparaturlackierung eingesetzt?

22. Wodurch können Kocher in der Lackfläche entstehen?

23. Nach welchem Schema sollte der Umgang mit Wirtschaftsgütern und Abfällen nach dem Kreislaufwirtschafts- und Abfallgesetz erfolgen?

24. Erklären Sie den Begriff «Pulverlack».

25. Zählen Sie die Vorteile der Pulverlackbeschichtung auf.

26. Nennen Sie die Schwächen einer Pulverlacklackierung.

# 7 Oberflächen-Aufbereitung

**7.1** **Lackpflege** – 203

**7.2** **Innenreinigung** – 215

# 7.1 Lackpflege

Der Lack eines Fahrzeuges ist vielen aggressiven Umwelteinflüssen ausgesetzt und altert dabei. Im Sommer strahlt eine starke UV-Strahlung auf das Fahrzeug ein, und im Winter ist es intensiv dem Streusalz ausgesetzt. Dazu kommen zahllose Autowäschen und Beschädigungen, beispielsweise durch Steinschlag, Autoschlüssel oder Kratzer im Heckbereich durch Aus- und Einladen.

Um solchen starken Belastungen standhalten zu können, muss eine Lackoberfläche fachgerecht gepflegt werden.

*Lackpflege ist Hauptbestandteil der Wagenpflege und trägt im Wesentlichen zur Wert- und Optikerhaltung des Fahrzeuges bei.*

**Bild 7.1**
Auto- und Lackpflegebereich

Ohne Lackpflege verliert die Lackierung ihre brillante Wirkung und Schönheit. Das Fahrzeug ist sehr starken Beanspruchungen durch Wind und Wetter ausgesetzt. Es legt sich zunächst ein feiner Schleier aus verschiedenen Schmutzarten (Kohle, Kalk- und Eisenoxid, Sand- und Tonstaub, Salz, Ölruß usw.) auf die Lackoberfläche, so dass zusammen mit Feuchtigkeit, Schwefeldioxid und UV-Licht die Lackschicht angegriffen wird. Daher ist es sinnvoll, mit Pflegemitteln die Oberfläche wasser- und schmutzabweisend zu versiegeln.

Die schleifende Wirkung des Straßenstaubes, dem das Fahrzeug während der Fahrt immer ausgesetzt ist und der die Lackoberfläche verletzt, kann man nicht verhindern. Vermeiden kann man aber, dass bei der Reinigung der Lackierung von Schmutz und Staub die glatte Oberfläche verkratzt wird, indem man zunächst das Fahrzeug mit reichlich Wasser abspritzt. Vor einer Lackpflege sollte stets eine intensive Wagenwäsche mit einem Shampoo stehen.

**Bild 7.2**
Ausstattung des Lackpflegebereiches

### Insekten- und Teerverschmutzungen

Starke Insektenverschmutzungen der Lackoberfläche, ganz besonders im Frontbereich an der Motorhaube, Frontmaske, Windlauf, Dachkanten und Spiegel, werden nach dem Vorspülen mit Insektenentferner oder einem anderen geeigneten Vorreiniger auf der betroffenen Fläche eingesprüht. Der Reiniger darf nicht antrocknen. An-

**Bild 7.3**
Ausstattungen des Lackpflegebereiches

**Bild 7.4**
Verschmutzte Lackoberfläche

getrocknete Reiniger können Streifen und Flecken auf der Lackoberfläche verursachen, die mit erheblichem Arbeitsaufwand wieder entfernt werden müssen.

**!** *Insekten dürfen unter gar keinen Umständen mit einem Insektenschwamm vom Lack entfernt werden. Die Lackoberfläche und die Frontscheibe werden durch den Einsatz solcher Hilfsmittel mit mikrofeinen Kratzern beschädigt. Bei häufiger Anwendung führt ein Insektenschwamm zu einer defekten Lack- und Scheibenoberfläche. Lediglich Nummernschilder, unlackierte Kunststofffänger und Scheinwerfergläser dürfen damit behandelt werden.*

Bei Teerverschmutzungen wird die Reinigung mit Teerentferner erst nach der Oberflächenwäsche durchgeführt. Spezielle Inhaltsstoffe verhindern die Schaumbildung des Shampoos. Die Oberwäsche wird dadurch eingeschränkt oder ganz wirkungslos, was bei einer anschließenden Politur erhebliche Probleme bereiten könnte und zusätzlich eine schmierige Oberfläche zur Folge hat.

**!** *Bei allen Fahrzeugwäschen, die mit einem HD-Gerät durchgeführt werden, muss unbedingt auf nachlackierte Bauteile geachtet werden. Auch Absplitterungen von Steinschlag können durch den harten Wasserstrahl vergrößert werden.*

**Bild 7.5**
Lackoberfläche nach der Vorwäsche

Die untere Fahrzeugfläche, Schweller, Abschlussbleche, Ecken und Kanten zwischen Stoßstange und Karosserie sowie Scheinwerferkanten und Heckleuchten müssen besonders gründlich abgespült werden. Hier sammeln sich gern Sand und Schmutz. Kommen diese Schmutzansammlungen in den Schwamm, wirken sie wie ein Schleifpapier.

**Bild 7.6**
Heißwasser-Hochdruckreinigungsgerät
für die Grobreinigung

**Bild 7.7**
Staubsauger für die
Innenraumreinigung

## Fahrzeug trocknen

Zum Abtrocknen verwendet man ein Vinylledertuch, das gut ausgewaschen ist. Das gesamte Fahrzeug wird gründlich trockengewischt. Das Vinylledertuch muss zwischendurch immer wieder gut ausgedrückt werden. Mit der Druckluft werden alle Ecken, Kanten, Gummi- und Kunststoffleisten, Türgriffe, Nummerschildleiste, Embleme, Leuchten usw. sorgfältig getrocknet. Dadurch wird bei einer Fahrzeugbewegung oder einer Politur das Herauslaufen von Restwasser vermieden. Nach dem Ausblasen erfolgt nochmals ein Nachwischen mit einem Vinylledertuch.

## Fahrzeug trocknen mit dem Abzieher

Mit dem Abzieher lässt sich eine nasse Oberfläche wesentlicher leichter trocknen. Voraussetzung ist, dass nur geeignete Abzieher verwendet werden. Die Spuren von unprofessionell eingesetzten Hilfsmitteln auf der Lackoberfläche können extrem sein. Zerschlissene Gummilippen und feine Schmutzpartikel scheuern über den Lack wie Schleifpapier. Im nassen Zustand lassen sich diese Beschädigungen nicht sofort feststellen und erfordern anschließend eine aufwendige Lackaufbereitung.

**Bild 7.8**
Abtrocknen der Lackoberfläche

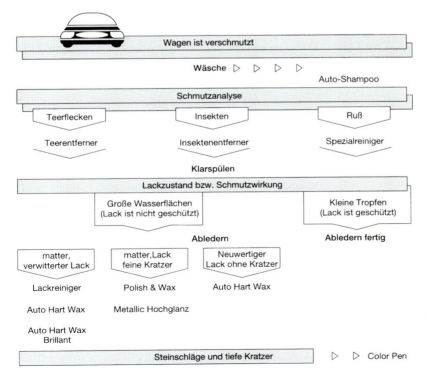

**Bild 7.9**
Ablaufschema einer optimalen Lackpflege [25]

**Bild 7.10**
Lackoberfläche
Bild links: verwitterte Lackoberfläche
Bild rechts: neue, polierte Lackoberfläche
[1]

Bereits während der Wäsche kann man Informationen über den Zustand des Lackes sammeln. Bleiben die Wassertropfen auf dem Lack nur in Form von sehr kleinen Perlen zurück, so befindet sich der Lack in einem ausgezeichneten Zustand und bedarf keiner weiteren speziellen Behandlung.

Ist nach einer gewissen Zeit der Wasserperleffekt nicht mehr oder nur noch sehr gering vorhanden, so muss die Lackierung mit einem neuen Schutzfilm versehen werden. Je nach Alterungszustand und Art des Lackes ist dabei unterschiedlich zu verfahren.

Ist der Lack bereits matt und stark verwittert – trifft vor allem bei nicht gepflegten älteren Autolacken zu –, so ist eine Grundreinigung mit einem Lackreiniger erforderlich.

### Lackreiniger
Der Lackreiniger ist zum manuellen Reinigen und Aufpolieren von Lackierungen mit leichter Vermattung und Fleckenbildung anzuwenden.

Nach folgendem Arbeitsablauf sollte vorgegangen werden:

**Bild 7.11**
Lackreiniger für grobe
Verschmutzung

❑ Lackreiniger auf eine saubere Polierwatte oder Poliertuch auftragen;
❑ Lackoberfläche manuell kräftig polieren, bis der gewünschte Glanzgrad erreicht ist;
❑ Nachpolieren der Fläche manuell mit Polish und Polierwatte;
❑ Behandeln mit Glanzkonservierer.

### Lackreiniger ohne Silikon
Die besten Erfolge mit Lackreiniger werden im Nassbereich erzielt. Lackreiniger werden im Bereich der fachgerechten Fahrzeugreinigung nur selten verwendet. Die Zusammensetzung dieser Produkte erschwert das eigentliche Polierverfahren und hinterlässt durch seine Inhaltsstoffe eine hartnäckige Pulverschicht.

**!** *Lackreiniger in luftdicht verschließbaren Behältern aufbewahren. Kunststoffteile nicht berühren!*

*Anwendungsbereich*
❑ Extrem verwitterte, zerkratzte, matte und ausgeblichene Lacke;
❑ Chromteile, Chromfelgen;
❑ intensive Reinigung von hellen Kunststoffteilen.

**Bild 7.12**
Lackreinigung

Silikonhaltige Polier- und Pflegemittel dürfen in den Vorbereitungsräumen der Lackieranlage selbst nicht verwendet werden, da sie Silikonkrater bei der Lackierung hervorrufen. Deshalb beschränkt sich der Einsatz silikonhaltiger Mittel im Kfz-Handel auf die Behandlung von Neufahrzeugen nach der Endkonservierung und den Privatgebrauch. Dieses Material macht die Oberfläche besonders wasserabweisend und glatt.

In den Lackierwerkstätten werden folgende *silikonfreie Produkte* verwendet:

❑ Schleifpasten zum Aufrauen der Altlackierung;
❑ Feinpolierpasten zum Beseitigen von Spritznebelrändern;
❑ Lackreiniger und Polish zum Auffrischen und zur Farbtonangleichung angrenzender Flächen.

**Feinpolierpaste**
Die Anwendung findet hauptsächlich im Nassbereich statt. Dadurch werden Spritzer und angetrocknete Polierpastenreste verhindert. Bei Anwendung im trockenen Bereich, z. B. um kleine Kratzer auszupolieren, sollte die Feinpolierpaste immer mit etwas Wasser angefeuchtet werden. Feinpolierpaste enthält nur sehr wenig Schleifanteile und ist deshalb mit einer körnigen Schleifpaste nicht zu vergleichen. Diese Pasten können auch in Verbindung mit Schleifpads verwendet werden.

Zur Behebung von Mängeln (Staubeinschlüssen, Farbnebel) oder Gebrauchsmerkmalen ist die Bearbeitung am rationellsten und erfolgreichsten. In manchen Fällen – je nach Schadensart – ist es notwendig, die betroffene Stelle vorher mit P1200-Schleifpapier nass an- bzw. auszuschleifen. Kork- oder Schleifgummiunterlagen sind dabei zu verwenden. Der Decklackfilm darf nicht durchgeschliffen werden.

Nach folgendem *Arbeitsablauf* sollte vorgegangen werden:

❑ Die Verarbeitung kann von Hand oder maschinell mit der Poliermaschine erfolgen. Die Poliermaschine (Schwabbel) ist ein rationelles Arbeitsgerät und im Lackierbetrieb in vieler Hinsicht einsetzbar. Durch Zugabe von etwas Wasser während des Polierens erhöht sich die Schleifwirkung;
❑ Nachpolieren der Fläche manuell mit Polish oder Polierwatte und
❑ Behandeln mit Glanzkonservierer.

**Bild 7.13**
Schleifpaste

**Bild 7.14**
Aufbringen von Schleifpaste

**Bild 7.15**
Poliermaschine

**Bild 7.16**
Gleichmäßiges Verteilen der Polierpaste

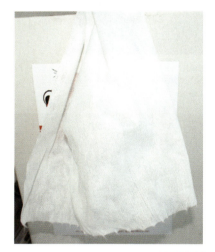

**Bild 7.17**
Poliertuch

**Bild 7.18**
Polieren mit einer
Poliermaschine

*Anwendungsbereiche*
- ❏ Stark zerkratzte, verwitterte, matte und strukturge-schädigte Lacke;
- ❏ zum Auspolieren kleiner Schrammen und Kratzer.

**Polish**
Polierpaste entfernt alle Verunreinigungen von Bürsten-anlagen, kleine Schrammen und leichte Strukturschäden von der Lackoberfläche. In Verbindung mit einer rotie-renden Poliermaschine hinterlässt die Paste eine super-glatte Lackoberfläche. Gleichzeitig sorgen die besonde-ren Inhaltsstoffe für eine Schutzwirkung. Die Farbtiefe des Lackes wird durch dieses Verfahren auf Dauer wie-derhergestellt.

Nach folgendem *Arbeitsablauf* sollte vorgegangen werden:
- ❏ Polish auf eine saubere Polierwatte oder Poliertuch auftragen;
- ❏ Nachpolieren der bereits polierten Fläche;
- ❏ Behandeln mit Glanzkonservierer.

*Anwendungsbereiche*
- ❏ Lacke mit Verunreinigung;
- ❏ kleine Schrammen und Kratzer.

**Lackversiegelungen**

**Politur**
Früher wurde unter diesem Begriff ein kraftaufwendiges Glanz- und Reinigungsverfahren der Lackoberfläche ver-standen. In den sog. Polituren befanden sich Schleifan-teile, die dazu führten, dass die oberen Lackschichten abgetragen wurden. Durch emsiges, kraftvolles Reiben wurde die Lackoberfläche auf Hochglanz gebracht. Heut-zutage bestehen die Inhaltsstoffe von guten Polituren nicht mehr aus Schleifanteilen und Schlämmkreide. Auf-wendige Wachskomponenten und leichte Lösemittel in Form von Mineralölsubstanzen verhindern den Oberflä-chenabrieb. Durch den Einsatz von professionellen Po-liermaschinen wird durch ein gutes Poliermaterial ein hervorragendes Ergebnis erzielt. Eine Politur ist allerdings nur so gut und wirksam, wie sie verarbeitet wird.

Hochwertige Produkte sind bei sachgemäßer Anwen-dung in der Lage, sowohl geringe Verunreinigungen und Verschmutzungen zu entfernen. Des Weiteren verleihen sie der Lackoberfläche Glanz und Schutz durch Wachs-anteile.

Mäßig bis starke Verunreinigungen auf der Lackoberfläche lassen sich nur schwer oder gar nicht durch einfaches Polieren entfernen. Um eine gute Politur zu ermöglichen, muss der Lack gründlich gereinigt werden.

*Polituren sind grundsätzlich in verschließbaren Behältern aufzubewahren!*

*Anwendungsbereiche*
- ❑ Reinigen und Versiegeln aller Lackoberflächen;
- ❑ leichte bis mittlere Verschmutzungen entfernen;
- ❑ leichte Reste von Waschmaterialien entfernen;
- ❑ Chromteile, Chromfelgen;
- ❑ Sonnendächer außen;
- ❑ Plexiglas-/Weichplastikscheiben aufarbeiten.

**!** *Kunststoffteile nicht berühren! Die Antrocknung der Polituren hinterlässt auf allen rauen Kunststoffoberflächen einen hässlichen weißen Belag.*

### Hartwachs-Glanzkonservierer
Über dem Lack wird ein wetterbeständiger, lang anhaltender Schutzfilm aufgebracht. Dazu verwendet man Konservierungsmittel aus Wachskombinationen, die wasserabstoßend wirken, den Lackfilm elastisch halten und die Tiefe des Glanzes steigern. Bestimmte Wachse dringen dabei in die Oberfläche der Lackschicht ein und verzögern bzw. verhindern z. T. sogar das Verwittern und Oxidieren. Die Behandlung mit flüssigem Hartwachs eignet sich besonders zum Dauerschutz vor Ausbleichen bei roten und dunkelblauen Lackoberflächen.

**Bild 7.19**
Hochglanzversiegelung

**Bild 7.20**
Auftragen einer Politur mit der Hand

**Bild 7.21**
Polierte Lackoberfläche

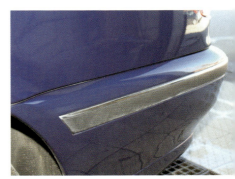

**Bild 7.22**
Politurreste an einer Kunststoffleiste

**Bild 7.23**
Auftragen des Glanzkonservierers

*Anwendungsbereiche*
- ❑ Langzeitkonservierung aller Lacke;
- ❑ Neuwagen nach Entkonservieren und Waschen;
- ❑ Entfernen geringer Wachsreste und Teerverschmutzungen.

> **Hartwachs versiegelt die Lackoberfläche. Bei Reparaturlackierungen muss die Schicht entfernt werden.**

Nach folgendem *Arbeitsablauf* sollte vorgegangen werden:
- ❑ Glanzkonservierer auf eine saubere Polierwatte oder Poliertuch auftragen;
- ❑ die Lackoberfläche zu dünnem geschlossenen Film gleichmäßig verreiben;
- ❑ sobald die Wachsschicht einen weißen Film gebildet hat und damit trocken ist, wird sie mit einer sauberen, in Wasser angefeuchteten Polierwatte abgerieben, bis eine klare Fläche erreicht wird.

> **Grundregeln für alle Polierarbeiten**
> ***Poliert wird immer:***
> **längs – quer – längs.**

Bei allen Polierarbeiten muss die Lackierung immer gut trocken sein. Frisch lackierte Teile sollten über Nacht stehen, ansonsten müssen sie mindestens 35 Minuten bei 60 °C getrocknet werden.

Zum Vorpolieren wird eine grobe Polierpaste verwendet. Zum Endpolieren kommen immer feinere Pasten zur Anwendung.

Das Poliermittel darf nur sehr sparsam verwendet werden. Jedes Gramm zu viel erschwert eine perfekte Politur und sorgt für zusätzliche Arbeit. Zu viel Poliermittel erzeugt viel angetrockneten Polierstaub, der sich nur mühsam entfernen lässt. Erst dann wieder erneut Poliermittel nachgeben, wenn die Poliermaschine nicht mehr einwandfrei über die Fläche gleitet. Der Polierschwamm muss bei sichtbarer Verschmutzung unbedingt ausgetauscht werden. Verschmutzte Polierschwämme ziehen den aufgenommenen Schmutz und die gelösten Farbpigmente und Auskreidungen erneut über die Lackoberfläche und erschweren dadurch eine optimale Politur.

**Bild 7.24**
Auftragen eines Poliermittels

Bei starkem Abrieb und Ausbluten (Auskreidung, gelöste Farbpigmente) des Lackes muss der Polierschwamm sehr häufig gewechselt werden.

Den Polierschwamm immer möglichst plan über die Lackfläche führen. Schräg angekippte Polierscheiben verursachen Schatten im Lack. Die Maschine nicht mit Gewalt auf die Oberfläche pressen, sondern diese mit leichtem Druck über die zu bearbeitende Lackoberfläche gleiten lassen. Eine zu starke Druckbelastung behindert den einwandfreien Lauf der rotierenden Bewegungen. Sämtliche Lackreinigungs- und Poliermittel grundsätzlich auf den Polierschwamm auftragen. Mit der eingeschalteten Poliermaschine das Mittel ein wenig auf der Lackoberfläche verteilen. Maschine leicht andrücken und in Betrieb setzen. Dies verhindert unkontrolliertes Spritzen des Lackreinigers oder Poliermittels. Abschnittsweise und besonders gleichmäßig arbeiten, sichtbare Übergänge sind zu vermeiden.

**!** *Niemals über Kunststoffteile polieren. Polierschwamm vorsichtig um die Kunststoffteile herumführen. Bei Berührung sofort mit sauberem, festem Tuch nachwischen.*
*Politur nie unter direkter Sonneneinstrahlung anwenden.*
*Niemals auf heißen Lackflächen polieren.*
*Poliermaschinen mit max. 1800 min⁻¹ verwenden.*
*Bei Sicken und Kanten vorsichtig polieren, sonst besteht die Gefahr des Durchpolierens.*

**Bild 7.25**
Gleichmäßiges Verreiben zu einem dünnen Film

**Bild 7.26**
Den Polierschwamm plan über die Lackfläche führen

**Bild 7.27**
Keine starken Druckbelastungen auf den Polierschwamm ausüben

**Bild 7.28**
Zum Endpolieren kommen immer feinere Polierpasten zur Anwendung.

**Bild 7.29**
Kanten vorsichtig polieren, sonst besteht
die Gefahr des Durchpolierens

**!** *Weite Kleidung (offene Jacken) vermeiden und lange Haare nicht offen tragen. Einen Finger immer auf dem Ein/Aus-Schalter platzieren. Im Notfall muss die Maschine sofort abgeschaltet werden können.*

### Einwachsen im Werk

Nach dem Zusammenbau und der Endabnahme wird ein großer Teil der gefertigten Fahrzeuge eingewachst. Damit möchte man Verunreinigungen durch Luftverschmutzung auf dem Transportweg vorbeugen. Am Zielort wird mit dem Heißdampfstrahler das Wachs wieder entfernt.

Beim *Entwachsen* mit dem Hochdruckreiniger sollte Folgendes beachtet werden, um mögliche Schäden zu vermeiden:

❑ Mindestabstand zur Oberfläche 20 cm (Glasscheiben 40 cm),
❑ die Heißwassertemperatur von 80 °C und
❑ der Arbeitsdruck von höchstens 80 bar dürfen nicht überschritten werden.

**Bild 7.30**
Lackstift

### Lackstift (Bild 7.30)

Steinschläge und auch Kratzer, die durch den üblichen Gebrauch eines Fahrzeuges unvermeidlich sind, können so tief sein, dass sie bis auf das Blech reichen. Um die Korrosionsgefahr zu vermeiden, sollte der Kratzer sofort mit einer Grundierung ausgelegt und nach dem Trocknen mit einem Lackstift abgedeckt werden. Wesentlich schneller geht es mit Wachsstiften, die in unterschiedlichen Grundfarben angeboten werden.

### Entfernen von Lackverschmutzungen aller Art

Bevor eine Fahrzeugreinigung vorgenommen wird, muss der Lack beurteilt werden. Damit finden eine Bestimmung der Lackart und eine Diagnose über Verschmutzung und Beschädigung des Lackes statt.

### Entfernen von Aufklebern und Schriftfolien

Aufkleber und Schriftfolien, die nicht mit einem HD-Reinigungsgerät entfernt werden können, lassen sich mit Hilfe einer Heißluftpistole entfernen (Bild 7.31).

*Arbeitsablauf*
❑ Heißluftpistole auf die höchste Stufe einstellen. Mit einem Abstand von ca. 20 cm den Aufkleber anwärmen.

**Bild 7.31**
Eine sich lösende Schriftfolie

- ❑ Eine Ecke etwas länger mit heißer Luft anströmen.
- ❑ Vorsichtig mit dem Fingernagel die Ecke anheben und den Kleber abziehen.

! 🔴 *Die Heißluftpistole nicht zu nah an den Aufkleber halten. Durch starke Hitze kann der Aufkleber schmelzen oder der Lack beschädigt werden. Außerdem können sog. Billiggeräte die zurückströmende Hitze nicht vertragen und reagieren unter Umständen mit einem Totaldefekt! Niemals sollte versucht werden, den Aufkleber mit scharfen oder spitzen Gegenständen zu entfernen. Die angewärmte Lackoberfläche ist überaus empfindlich. Es könnten tiefe Kratzspuren entstehen.*

**Bild 7.32**
Ablösen einer Schriftfolie

! 🔴 *Verbrennungsgefahr! Erhitzte Lackoberflächen dürfen niemals berührt werden! Auch bei Aufklebern aus Metallfolien besteht Verbrennungsgefahr. Erst wenn sichergestellt ist, dass die zu entfernenden Aufkleber nicht mehr heiß sind, dürfen sie abgelöst werden.*

**Klebstoffreste** (Bild 7.33)
Bei den meisten Aufklebern löst sich der Klebstoff nicht vollständig mit dem Aufkleber ab. Auch kleinste Klebstoffreste müssen deshalb gründlich entfernt werden. Bleiben solche Reste auf der Lackoberfläche zurück, können sich Verschmutzungen dort sammeln und sich zu einem hässlichen Fleck entwickeln. Auch Poliermittel haften extrem gut auf dem Klebstoff.

*Arbeitsablaufschema*
- ❑ Etwas Fleckentferner auf ein großzügiges Stück Polierwatte geben. Klebstoff langsam abreiben. Nicht scheuern!
- ❑ Bei hartnäckigen, schlecht lösbaren Klebstoffen etwas Nitro- oder Universalverdünnung auf ein Stück saubere Watte geben und vorsichtig abreiben.
- ❑ Die Behandlung wiederholen, bis sämtliche Reste entfernt sind.

**Bild 7.33**
Klebstoffreste auf einem Karosserieteil

! 🔴 *Nachlackierte Flächen dürfen nicht mit Nitro- oder Universalverdünnung behandelt werden. Vor der Behandlung die Lackoberfläche an verdeckter Stelle auf Eignung überprüfen. Bleibt die Watte an der Lackoberfläche kleben, kann nicht mit diesem Lösemittel weitergearbeitet werden.*

**Bild 7.34**
Aufkleber auf einem neuen Rahmenteil

**Bild 7.35**
Schädigung der Lackoberfläche durch unsachgemäße Entfernung von Klebstoffresten einer Schriftfolie

> **❗ Bei der Klebstoffentfernung müssen unbedingt lösemittelbeständige Schutzhandschuhe und geeigneter Atemschutz verwendet werden. Fleckentferner und Nitro- und Universalverdünnung dürfen nur in gut gelüfteten Arbeitsräumen oder im Freien angewandt werden.**

**Farbnebel auf Kunststoffteilen**
Bei der Behandlung von Kunststoffteilen muss mit äußerster Vorsicht gearbeitet werden. Glatte Kunststoffe können schnell ihre Farbe verlieren. Auch Kunststoffe aus dem Recyclingverfahren sind für lösemittelhaltige Reiniger nicht geeignet. Die Kunststoffe können jedoch bei einem Farbverlust mit Kunststofffärber wieder aufgefrischt werden.

*Arbeitsablaufschema*
Nitro- oder Universalverdünnung auf ein Tuch geben. Mit erhöhter Vorsicht und ohne Druck die betroffene Stellen abwischen. Die behandelten Flächen mit Kunststoffpfleger für außen nachwischen. Ausgefärbte Kunststoffe können mit einem entsprechenden Kunststofffärber nachbehandelt werden.

**Bild 7.36**
Die Reinigung der Kunststoffteile darf nur mit geeigneten Lösemitteln erfolgen.

> **❗ Bei der Reinigung müssen unbedingt lösemittelbeständige Schutzhandschuhe und ein geeigneter Atemschutz verwendet werden (Bild 7.37). Nitro- und Universalverdünnung dürfen nur in gut gelüfteten Arbeitsräumen oder im Freien angewandt werden.**

**Farbnebel auf Gummileisten und Gummidichtungen**
*Arbeitsablaufschema*
Etwas Politur auf ein Tuch geben. Danach die Gummileisten kräftig abreiben, bis sich die Farbe löst. Trocknen lassen und nochmals mit einem sauberen Tuch kräftig nachwischen, bis alle Politurreste entfernt sind.

Bei sehr hartnäckigen Farbnebelresten kann auch feine Stahlwolle mit Politur verwendet werden.

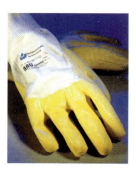

**Bild 7.37**
Bei der Reinigung mit Lösemitteln müssen immer Schutzhandschuhe getragen werden.

**Bild 7.38**
Hautschutz

**Farbnebel auf Scheiben**

*Arbeitsablaufschema*

Etwas Nitro- oder Universalverdünnung auf ein Tuch geben und die Scheibe damit gründlich abreiben. Anschließend werden die Scheiben mit einem Scheibenreiniger und Scheibenputzpapier sorgfältig nachgearbeitet.

**Bild 7.39**
Atemschutz ist zu tragen

**!** • *Bei der Reinigung müssen unbedingt lösemittelbeständige Schutzhandschuhe und ein geeigneter Atemschutz verwendet werden (Bild 7.39). Nitro- und Universalverdünnung dürfen nur in gut gelüfteten Arbeitsräumen oder im Freien angewandt werden.*

# 7.2 Innenreinigung

Nach dem Lackieren müssen die nichtlackierten Teile, insbesondere die Kunststoff- und Gummiteile sowie die Polsterung, gereinigt und gepflegt werden, damit wieder alles «wie neu» aussieht (Bild 7.40).

Kofferraum und Innenraum werden zunächst mit einem Industriestaubsauger gründlich ausgesaugt. Diese Reinigung umfasst auch die Polster, den Handschuhkasten, den Aschenbecher und die Ablagefächer. Daran schließt sich die Reinigung mit chemischen Mitteln an, damit der Fahrzeughimmel, die Polster, die Verkleidungen und der Fußboden eine aufgefrischte Farbe und einen neuen Geruch erhalten. Kunststoffteile an Himmel und Türen sowie das Armaturenbrett und die Ablageflächen werden mit Kunststoffreiniger gereinigt. Nach dem Aufsprühen mit einem Multisprayer wird das Reinigungsmittel mit einem Schwamm verteilt bzw. eingerieben. Durch Sprühen und Reiben sollen die Wirkstoffe des Reinigungsmittels in die Poren und Maserungen des Kunststoffes eindringen und auch tiefsitzenden Schmutz lösen.

**Bild 7.40**
Innenraum nach einer sorgfältigen Reinigung

PVC und Kunstleder können nach dieser Behandlung anschließend mit einem saugfähigen Tuch oder Fensterleder trockengewischt werden. Mit den meisten Kunststoffreinigern lassen sich zweckmäßigerweise auch die Polster reinigen, jedoch ist die Behandlung mit Trockenschaum wirksamer.

**Bild 7.41**
Motorraum nach einer gründlich durchgeführten Wäsche

215

**Bild 7.42**
Reifen nach einer Reinigung und zusätzlichen
Auffrischung mit einem Kunststoffpfleger

**Aufgaben**

1. *Welche Einflüsse wirken schädigend auf die Lack-oberflächen eines Fahrzeuges ein?*

2. *Für welche Zwecke werden Lackreiniger eingesetzt?*

3. *Erstellen Sie einen Arbeitsablaufplan für den Einsatz von Lackreinigern.*

4. *Nennen Sie fünf Regeln, die bei Polierarbeiten beachtet werden müssen.*

5. *Welche Regeln sollten beim Entwachsen von Oberflächen mit dem Hochdruckreiniger beachtet werden?*

6. *Erstellen Sie ein Arbeitsablaufschema für die Entsorgung von Aufklebern und Schutzfolien.*

7. *Welche Sicherheitsmaßnahmen müssen bei der Klebstoffentfernung beachtet werden?*

8. *Erstellen Sie einen Arbeitsablaufplan zur Bearbeitung von Aufklebeschattenspuren auf Lackoberflächen.*

9. *Beschreiben Sie, wie Farbnebelreste auf Scheiben entfernt werden können.*

Abkürzungen: *adj.* = Adjektiv (Eigenschaftswort); *pl.* = Plural (Mehrzahl);
*verb.* = Verbum (Tätigkeitswort)

| **Deutsch** | **Englisch** |
|---|---|
| abbeizen, *verb.* | strip, (to ~); remove, (to ~); pickle, (to ~) |
| Abbeizmittel | paint remover |
| abblättern, *verb.;* abplatzen, *verb.;* abschälen, *verb.;* absplittern, *verb.;* abspringen, *verb.* | flake, (to ~); peel, (to ~); scale, (to ~); chip, (to ~) |
| abfärben, *verb.* | chalk off, (to ~) |
| abkratzen, *verb.* | scrape, (to ~) |
| ablaugen, *verb.* | pickle, (to ~) |
| Abmessung; Dimension | size; dimension |
| abputzen, *verb.*; verputzen, *verb.* | plaster, (to ~) |
| abriebfest, *adj.* | abrasion resistant, *adj.* |
| Absorption | absorption |
| abstauben, *verb.;* entstauben, *verb.* | dust, (to ~) |
| abtönen, *verb.*; nachtönen, *verb.* | tint, (to ~); shade (to ~) |
| Abtönfarbe | mixing colour |
| abwaschen, *verb.* | wash, (to ~) |
| Adhäsion | adhesion |
| Adsorption | adsorption |
| alkalisch, *adj.* | alkaline, *adj.* |
| Alkalität | alkalinity |
| Alkydharzlackfarbe | alkyd enamel |
| Altanstrich | old paint layer |
| Anforderung; einer Anforderung entsprechen | requirement; meet a requirement |
| anschleifen, *verb.* | sand slightly, (to ~) |
| Anstrich erneuern | repaint, (to ~) |
| Anstrich, erster | first coat; priming coat |
| Anstrichmängel, *pl.* | paint defects |
| Anwendung | application |
| Arbeitsgang | pass; operation |
| Arbeitsvertrag | contract of employment |
| aufrauen, *verb.* | roughen up, (to ~) |
| Auftrag *(Kunde)* | order |
| Auftrag *(Beschichtungsstoff)* | application |
| auftragen, *verb., (Farbe)* | apply a paint, (to ~) |
| ausbessern, *verb.* | touch up, (to ~) |
| Ausblühung | efflorescence |
| Außenfarbe; Außenanstrichfarbe | outdoor paint; exterior paint |
| Außenklarlack | exterior varnish |

| Deutsch | Englisch |
|---|---|
| Außenlack | exterior varnish |
| Autolack; Autolackfarbe | motor car lacquer |
| Autolackiererei | car refinishing shop |
| | |
| Bautenfarbe | house paint |
| beizen, *verb.* | pickle, (to ~) |
| Beschädigung | damage |
| Beschichtung | coating |
| beschneiden, *verb.* | cut in, (to ~) |
| Besen | broom |
| Bestandteil | component |
| Beständigkeit | resistance |
| Bezeichnung | specification |
| Bindemittel; Bindemittellösung | binder; vehicle; binding agent |
| Blattgold | gold leaf |
| blau, *adj.* | blue, *adj.* |
| Blechdose | tin; tin can |
| Bodensatz; Bildung eines Bodensatzes | hard caking |
| braun, *adj.* | brown, *adj.* |
| Buchstabe *(kleiner ~)* | letter, *(lower case ~)* |
| bunt, *adj.* | multi-coloured, *adj.* |
| Bürste | brush |
| | |
| Dachfarbe | roof paint |
| Dachfenster | dormer window |
| Dachsvertreiber | badger softener; badger |
| dauerhaft, *adj.,* haltbar, *adj.* | stable, *adj.;* durable, *adj.* |
| Decke | ceiling |
| Deckel | cover; lid |
| Deckfähigkeit | opacity; hiding power |
| Decklack | finishing enamel |
| Deckschicht *(Oberschicht)* | top coat; finishing coat |
| Deckschicht *(Schlussschicht)* | finishing coat; top coat; upper layer |
| Dispersion | dispersion |
| Druckluft | compressed air |
| durchgetrocknet | hard dry |
| durchschlagen, *verb.;* durchbluten, *verb.* | bleed, (to ~) |
| durchschleifen, *verb.* | grind through, (to ~); sand through, (to ~) |
| durchtrocknen, *verb.* | dry through, (to ~) |
| Durchtrocknungszeit | drying time to hard |
| Düse; Düsenkopf | nozzle |
| Düsennadel | needle |

| Deutsch | Englisch |
|---|---|
| Edelmetall | noble metal |
| Effektlack | special-effect finish |
| Eigenschaft; Merkmal | property; characteristic |
| Eignung | suitability |
| einfarbig, *adj.* | monochromatic, *adj.* |
| einstreuen, *verb.* | to scatter, (to ~) |
| einwandfrei, *adj.* | faultless, *adj.* |
| Eisenblech | sheet-iron |
| Eisen | iron |
| empfehlen, *verb.* | recommend, (to ~) |
| Emulsion | emulsion |
| entfernen, *verb.* | remove, (to ~) |
| entfetten, *verb.* | degrease, (to ~) |
| Entfettungsmittel | degreaser |
| entrosten, *verb.* | derust, (to ~); remove rust, (to~) |
| Epoxidfarbe | epoxy paint; epoxyd paint |
| Erfahrung, die | experience |
| | |
| Farbe, die | paint |
| Farbe; plastische Farbe | relief paint |
| Farbe; streichfertige Farbe | ready-made paint |
| Farbe, wischfeste Farbe | rubbing resistant paint |
| Farbenabmusterung | colour matching |
| Farbendynamik | colour dynamics |
| Farbenlehre | chromatics, *pl.* |
| farblos, *adj.* | colourless, *adj.* |
| Farbmuster | colour strip |
| Farbroller | paint roller |
| Farbtonkarte | colour card |
| Farbtopf | paint pot; paint tin |
| Fenster | window |
| Fensterglas | glass, (window ~) |
| Fensterladen | window shutter |
| Fensterrahmen | window frame |
| Feuchtigkeit | moisture; humidity |
| Flachpinsel | flat brush |
| Flächenstreicher | whitewash brush |
| fleckig, *adj.* | patchy, *adj.* |
| Fließbecher | gravity cup |
| Fluat | fluosilicate |
| fluatieren, *verb.* | fluate, (to ~) |
| Flur | corridor; passage |

| **Deutsch** | **Englisch** |
|---|---|
| Folie | foil |
| Fußbodenlack | floor varnish |
| Fußleiste | skirting board |
| Füllstoff | filler |
| | |
| Gebinde | couple; truss |
| Gebrauchsanweisung | method of using; instructions, *pl.* |
| gelb, *adj.* | yellow, *adj.* |
| Gerüst | scaffold |
| Gesims | mouldings |
| Gips | gypsum; plaster |
| Glanzfarbe | gloss paint |
| glatt, *adj.* | smooth, *adj.* |
| glätten, *verb.* | level, (to ~) |
| Glättkelle | trowel; mason's float |
| grün | green |
| Grundierung | primer |
| | |
| haften, *verb.* | adhere, (to ~) |
| Haftung; Haftvermögen; Haftfähigkeit | adherence; adhesion |
| Handfeger | dusting brush |
| Harttrockenzeit | hard drying time |
| Heizkörper | radiator |
| Heizkörperlack | radiator enamel |
| Heizkörperpinsel | radiator brush |
| Hochglanz | high gloss |
| | |
| imprägnieren, *verb.,* | impregnate, (to ~) |
| Imprägnierlack; Imprägnierungslack | impregnating varnish |
| Infrarot-Trocknung | infra red drying |
| innen | indoors |
| Innenarbeit | inside work |
| Innenfarbe | interior paint; indoor paint |
| isolieren, *verb.* | insulate, (to ~) |
| Isolierlack | insulating varnish |
| ISO-Auslaufbecher | ISO flow cup |
| | |
| Kalk | lime |
| Kalkputz | plaster; (lime ~) |
| Kaseinfarbe | casein paint |
| Katalysator | catalyser; catalyst |
| Kellerzimmer | cellar room |

| Deutsch | Englisch |
|---|---|
| Kitt | putty |
| kitten, *verb.*; verkitten, *verb.* | putty, (to ~) |
| Kittmesser | putty knife |
| Klarlack | varnish |
| kleben, *verb.* | stick, (to ~) |
| Kleister | paste |
| kochen | boil, (to ~) |
| Kompressor | compressor |
| Korrosion | corrosion |
| Korrosionsschutz | anti-corrosive |
| Korrosionsschutzfarbe | anti-corrosive paint |
| Kratzeisen;  Schrabber | scraper |
| Kratzwiderstandsfähigkeit | scratch resistance, scratch |
| Kratzhärte | hardness |
| Kunstharz | synthetic resin |
| Kunststoffe, *pl.* | plastics; plastic materials |
| | |
| Lackbenzin | white spirit |
| lackieren, *verb.* | varnish, (to ~) |
| Lackspachtel *(Material)* | varnish filler |
| lasieren, *verb.* | stain, (to ~) |
| Lasur; Holzlasur | wood stain |
| Latex | latex |
| Latexfarbe | latex paint |
| Läufer, *pl.* | sags, *pl.* |
| Leinöl | linseed oil |
| Leiter | ladder |
| lichtecht, *adj.* | light fast, *adj.* |
| lösen, *verb.* | dissolve, (to ~) |
| Lösemittel | solvent |
| | |
| mager auftragen, *verb.* | apply poorly, (to ~) |
| malen, *verb.* | paint, (to ~) |
| | |
| Rat, der | advice |
| rau, *adj.*; uneben, *adj.* | rough, *adj.* |
| reinigen, *verb.* | clean, (to ~) |
| Renovierung | renewal |
| Ringpinsel | paint brush |
| Riss, Spalte | crack |
| rollen, *verb.* | roll, (to ~) |
| Roller | roller |

| Deutsch | Englisch |
|---|---|
| rosa, *adj.* | pink, *adj.* |
| Rost | rust |
| rostbeständig, *adj.* | anti-rust, *adj.*; rust-preventing, *adj.* |
| Rostschutzfarbe | antirust paint; rust proof paint; rust resistant paint |
| rot | red |
| runzeln, *verb.*; kräuseln, *verb.* | wrinkle, (to ~) |
| rühren, *verb.* aufrühren, *verb.* | stir, (to ~) |
| scheuerfest, *adj.* | scrub proof, *adj.* |
| Schichtdicke, Filmdicke | film thickness |
| Schimmel, Pilz | mould, mildew |
| schleifen, *verb.;* abschleifen, *verb.* | rub down, (to ~); sand (to ~); flat down, (to ~) |
| Schleifklotz | sandpaper block |
| Schleifmaschine | sanding machine |
| Schleifpapier, Schmirgelpapier | emery paper; abrasive paper |
| Schreibpinsel | lettering pencil |
| Schriftart | type of letter |
| schützen, *verb.* | protect, (to ~) |
| Schwamm | sponge |
| schwarz, *adj.* | black, *adj.* |
| Seidenglanz | silk gloss; satin gloss |
| sieben, *verb.* | sieve, (to ~); strain, (to ~) |
| Spachtel *(Material)* | filler |
| Spachtel *(Werkzeug)* | (putty) knife |
| Spachteln, *verb.* | fill, (to ~) |
| Spritzdüse | pistol nozzle |
| spritzen, *verb.* | spray, (to ~) |
| Spritzfarbe | spraying paint |
| Spritzkabine | spray booth |
| Spritzmaske | spray mask |
| Spritznebel | spray dust |
| Spritzpistole | spray gun |
| Spritzspachtel | filler, (spraying ~) |
| Spritzverdünnung | thinner |
| Stahl | steel |
| Stahl, mit Drahtbürste entrosteter | wire-brushed steel |
| Stahlbürste | wire brush |
| Stahlwolle | steel wool |
| Staubmaske | dust mask |
| Staubtrockenzeit | dust-free drying time |

| Deutsch | Englisch |
|---|---|
| streichen, *verb.* | brush, (to ~) |
| streichfertig, *(Farbe)* | ready-made |
| Streichspachtel | filler, (brushing ~) |
| Strich ziehen, *verb.* | stripe, (to ~) |
| Strom, elektrischer | electricity |
| | |
| Tapete | wallpaper |
| Tapezierbürste | wallpaper brush |
| tapezieren, *verb.* | (wall)paper, (to ~) |
| Tapeziertisch | trestle table |
| Testbenzin, Lackbenzin | white spirit; mineral spirit |
| Topfzeit | pot life |
| Trichter | hopper |
| Trocken, *adj.* | dry, *adj.* |
| Trockenschichtdicke | film thickness, (dry ~) |
| Trockenzeit | drying time |
| Tube | tube |
| Tür | door |
| Türbeschlag | mounting of a door |
| Türrahmen | door frame |
| | |
| ungiftig, *adj.* | non-toxic |
| Untergrund | substrate; support |
| Unterrost | under-rusting |
| | |
| verarbeiten, *verb.* | work up, (to ~) |
| Verarbeitung | working up |
| verdunsten, *verb.*, verdampfen, *verb.* | evaporate, (to ~) |
| verdünnbar mit | dilutable with |
| verdünnen, *verb.* | thin, (to ~), dilute, (to ~) |
| Verdünnungsmittel | thinner |
| vergolden, *verb.* | gild, (to ~) |
| verkitten, *verb.* | putty, (to ~) |
| Verlauf | flow; levelling |
| verlaufen, *verb.* | flow, (to ~), level, (to ~) |
| versiegeln, *verb.* | seal, (to ~) |
| Verstreichbarkeit | brushability |
| vertreiben, *verb.* | level, (to ~) |
| Verwitterung, Verfall | breakdown; deterioration |
| Viskosität | viscosity |
| Vorbehandlung | pre-treatment |
| Vorschrift | prescription |

| Deutsch | Englisch |
|---|---|
| Wandfarbe | wall paint for inside use |
| Wandverputz | wall plastering |
| wasserfest, *adj.* | waterproof, *adj.* |
| Wasser | water |
| wasserlöslich, *adj.* | water soluble, *adj.* |
| Wegwerfroller | throw-away roller |
| Werkstatt | work shop |
| Wetterbeständigkeit | weather resistance |
| Winkel | angle |
| wischfest, *adj.* | rubbing resistant, *adj.* |
| | |
| Zaponlack | zapon lacquer |
| zäh, *adj.* | tough, *adj.* |
| Zähigkeit | toughness |
| Zementfarbe | cement based paint |
| Zementmörtel | cement mortar |
| Zementputz | cement plasterwork |
| Ziehspachtel | rule filler |
| zubereiten, *verb.* | prepare, (to ~) |
| Zusatz | addition |
| zusetzen, *verb.* | add, (to ~) |
| Zweikomponentenlack | two components system; two cans system |
| Zwischenschicht | intermediate coat |

# Quellenverzeichnis

Für die Übernahmegenehmigung von Bildern sei folgenden Partnern gedankt:

[1] DIETER ANSELM: *Die Kfz-Reparaturlackierung*, Würzburg: Vogel Buchverlag.

[2] KARL DAMSCHEN: *Karosserie-Instandsetzung*. 4. Auflage. Würzburg: Vogel Buchverlag.

[3] KARL DAMSCHEN: *Karosserie-Instandsetzung und Reparatur-Lackierung*. 5. Auflage. Würzburg: Vogel Buchverlag.

[4] BERNHARD HAUBER / GÜNTHER PUCHAN / WOLFGANG MITZ: *Die Autolackierung*. Würzburg: Vogel Buchverlag.

[5] PETER VON DEN KERKHOFF / HELMUT HAAGEN: *Lackschadenskatalog*. Vogel Buchverlag.

[6] FRITZ SADOWSKI: *Basiswissen Autoreparaturlackierung*. Würzburg: Vogel Buchverlag.

[7] ThyssenKrupp Steel AG, Duisburg

[8] Audi AG, Ingolstadt

[9] BMW Deutschland, München

[10] Daimler-Benz Classic Archiv, Sindelfingen

[11] Renault Deutschland AG, Brühl

[12] Citroën Deutschland AG, Köln

[13] Mazda Motors (Deutschland) GmbH, Leverkusen

[14] Daimler-Benz AG, Sindelfingen

[15] Adam Opel AG, Rüsselsheim

[16] Celette GmbH, Kehl-Sundheim

[17] GPN Umwelt- und Werkstatt-Technik Autorobot Deutschland, Ilsfeld

[18] 3M Deutschland GmbH, Neuss

[19] Robert Bosch GmbH, Stuttgart

[20] Firma CH+21, Zürich

[21] Honda Motor Europe (North) GmbH, Offenbach

[22] Dr. Ing. h.c. F. Porsche AG, Stuttgart

[23] Volkswagen AG, Wolfsburg

[24] Firma SATA, Ludwigsburg

[25] SONAX GmbH & Co KG, Neuburg

[26] Deutsche Bauchemie e.V., Frankfurt

[27] Blomberger Holzindustrie B. Hausmann GmbH, Blomberg

[28] Verband Kunststofferzeugende Industrie e.V., Frankfurt/Main

[29] BGE Berufsgenossenschaft für Einzelhandel, Bonn

[30] DeVilbiss ITW Oberflächentechnik, Dietzenbach

[31] Wagner, Markdorf

[32] Michael Doll, Handbuch Fiat 500, Herrsching

[33] Liqui Moly, Ulm

# Stichwortverzeichnis

1-Schicht-Lackierung 150
2-Schicht-Lackierung 150
3-Schicht-Lackierung 152

## A

«Art Nouveau»-Linie 56
Abblättern 168
Abdeckfolie 120
Abdeckhaube 120
Abdeckpapier 120
Abfall 195
Abklebe- und Abdeck-
    arbeiten 120
Abklebeband 120
Absaugung 92
Abschlussprüfung 14
Abzieher 205
additive Farbmischung 105
Adhäsion 126
Adhäsionsmangel 118
Adsorptionstrockner 178
Aeroform 57
Airflowform 56
Airflowkabine 56
Airless-Spritzsystem 188
Airpuller 78
Alkydharzspachtel 141
Alloy 47
Aluminium 35, 118
ammoniakalische Netz-
    mittelwäsche 117
Anbeizen 170
Anhängerfahrzeuge 62
Arbeitssicherheit 19
Atemschutz 22, 189
Ausbeul-Hebeleisen 78
Ausbeulhammer 77
Ausbeulmethoden 76
Ausbeultechniken 75
Ausbeulwerkzeuge 77
Ausbildungsordnung 13
Auskocher 166, 169

## B

Bandschleifer 90
Beispritzlackieren 154
Betriebsanweisungen 22
Bläschenbildung 171

Blasen 166
Blasenbildung 171 f.
Blends 42, 47
BMC (Bulk Moulding
    Compound) 47
Brandschutz 27
Buckelform 56

## C

CIE-System 109
Copolymerisate 47
Coupé 61

## D

Decklackierung 148
Decklackschichtdicke 171
Decklacksysteme 149
Demontage 70
Diagonalreifen 73
DIN-Farbenkörper 107
Dispersion 47
Dornbiegegerät 127
Druckabfall 179
Druckluft(Ring)-leitung
    179
Druckluftreinigung 178
Drucksystem 181
Durchschlagen 167
Durchschliff 144
Duroplaste (Duromere) 41,
    47

## E

Edelmetalle 33
Einsinken 169
Einwachsen 212
Eisenmetalle 33
Elastifizierungsmittel 158
Elastomere 41, 47
elektrochemische
    Spannungsreihe 38
Entfetten 173
Entfettungstest 45
Entsorgung – Abfall-
    beseitigung 195
Epoxidharzbasis 139
Erhebungen 170

Exzenterrad 125
Exzenterschleifer 91

## F

Fahrzeughebebühnen 70
Farbcodierung 111
Farbkontraste 108
Farbmessung 109
Farbmischsysteme 110
Farbnebel 214
Farbordnungssysteme 106
Farbsystem nach DIN 6164
    107
Farbtonabweichung 110,
    167
Farbwahrnehmung 105
Farbwirkung 105
Feilhammer 77
Feinpolierpaste 207
Felgen 73
FEPA-P-Norm 86
Feststoffgehalt 145
Feuerverzinkung 36
Filtergeräte 22
Finish 160
Fließbecherpistole 180
Fließform 57
Fort- und Weiterbildungs-
    möglichkeiten 13
Füller 139

## G

galvanische Verzinkung 36
Gardinenbildung 171
Gefahrenhinweise – R-Sätze
    21
Gefahrensymbole 134
Gefahrstoffverordnung 20
Gegenhalter 77
Gesellenprüfung 14
Gitterschnitt-Kennwerte
    128
Gitterschnittprüfung 126
Glanz 110
gleichmäßige Korrosion 37
Grenzflächenkorrosion 38
Grundierfüller 144
Gürtellinie 57

## H

Handlaminieren 47
Hartwachs-Glanzkonser-
  vierer 209
Hautschutz 23
Hochziehen 165
höherfestes Karosserieblech
  34
Hohlraumversiegelung 175
Holz 50
–werkstoffe 50
HVLP-Verfahren 182
Hybrid-Bauweise 35

## I

Infrarottrockner 193
Innenreinigung 215
Insektenverschmutzungen
  203
Integralschaum 47
interkristalline Korrosion 37
Isoliergeräte 22

## J

Jarayform 56

## K

Kabinenform 56
Kabrio-Limousine 60
Kabriolett 60
kammförmiges Nassschicht-
  dicken-Messgerät 125
Kammheckform 57
Karosserieknotenpunkte 67
Katalysatoren 47
Keilform 57
Kleberraupe 99
Klebstoffreste 213
Kohäsionskraft 127
Kolbenkompressor 177
Kolbenpumpe 188
Kombibruch 95
Kombikabinen 194
Kombilimousine 60
Kompressor 178
Kontaktkorrosion 38
Konturenbildung 165
Korrosion 36, 135
Kotflügelform 56
Kraftwagen 59
Kratzer 169
Kreuzgang 185

KTL-Tauchgrundierung 173
Kunststoff-Erkennung 42
Kunststoff-Recycling 45
Kunststoffe 41, 118
Kunststofftypen 43

## L

Lackieranlage 190
Lackiervorbereitung 115
Lacklager 190
Lackläufer 170
Lackmischanlage 189
Lackpflege 203
Lackreiniger 206
Lackstift 212
Lacktrocknungsanlage
  192
Lackversiegelung 208
Lackzerstäubung 180
Limousine 59
Lunkerstellen 47

## M

MAGLOC 75
–-Verfahren 76
magnetisch-induktives
  Verfahren 126
magnetische Schichtdicken-
  messung 125
Materialdruck 188
Mehrzweck-Pkw 61
Membrankompressor 177
Metamerie 108
mobile Absaugung 164
Monomere 47
Montage 70 f.

## N

Nacharbeitsbereich 190
Narbenkorrosion 37
Nassschichtdicke 124
Nassschliff 88
Neulackierung 133
Nichteisenmetalle 33
Niedervolt-Schleif-
  maschinen 136
Nitrokombispachtel 141

## O

Oberflächenstruktur 168
Öl- und Wasserabscheider
  164

örtliche Korrosion (Loch-
  fraßkorrosion) 37
OSB(Oriented Strand
  Board)-Platten 51

## P

Personenkraftwagen 59
persönliche Schutzaus-
  rüstung 19
Phosphatieren 173
Pistolenreinigung 187
Plattenverbindungen 52
Polieren 160
Polish 208
Politur 208
Polyaddition 47
Polyester-Spachtelmasse
  140
Polykondensation 47
Pontonform 57
Poren 169
Poren im Füller 166
Porenwischfüller 141
Primer 139
Pullman-Limousine 61
Pulverlack 195

## R

Radialreifen (Gürtelreifen)
  73
RAL-Farbensystem 107
Rautiefe 116
Regeln 20
Reifen 73
Reifenkennzeichnung 73
reines Hebelsystem 75
Reinigen 173
Richtlöffel 78
Riefen im Lackaufbau 165
RIM (Reaction Injection
  Moulding) 47
Rissbildung 165
Roadster (Sportwagen) 61
RoDip-Verfahren 174
Rotationsschleifer 91
RRIM (Reinforced Injection
  Moulding) 47
R-Sätze 21
Rückverformen 75
Runzeln 165

## S

Sattelanhänger 62
Sattelzüge 62
Saugbecher-Spritzpistole 181
säurehärtende Schutz-grundierungen 139
Schadensaufnahme 66
–protokoll 68
Schalenform 56
Scheibenreinigung 100
Schichtkorrosion 37
Schichtstoffplatten 51
Schleifhub 143
Schleifmittel 83
Schleifpad 89
Schleifvlies 89
Schlichthammer 77
Schraubenkompressor 178
Schutzgrundierung 138
Schutzstufenkonzept 21
Schweifhammer 77
Schwingschleifer 91
Sicherheitsdatenblatt 20
Sicherheitskennzeichen 20
Sicherheitsratschläge – S-Sätze 21
Sichtprüfung 66
Silikon 206
Slimline 57
SMC (Sheet Moulding Compound) 48
Sonderausführungen 77
Space Frame 35
Spachtel 140
Spaltkorrosion 37
Spaltmaßabweichung 67
Spannhammer 77
Spannungsrisskorrosion 37
Spanplatten 51
Sperrholzplatten 51
Spezial-Personenkraft-wagen 61

Spezialplatten 52
Spitzhammer 77
Spot repair 159
Spritzbild 183
Spritzkabine 191
Spritznebel 168
S-Sätze 21
Stahlbleche 116
Stahloxidation (-korrosion) 36
Standtrocknungsgeräte 192
Staubeinschlüsse 160, 168
Steinschlagschutz 129
Stemmer 78
Stippen 170
Stirnwandplatten 51
Stoffbezeichnungen 21
Strahlen 116, 135
Strahlgut 136
Streamline 57
Streifenbildung 167
subtraktive Farbmischung 106

## T

Tailored blanks 34
Teerverschmutzungen 203
Tempern 44, 48, 118
Thermoplaste (Plastomere) 41, 48
Tiefenhammer 77
Trapezlinie 57
Trennlacke 48
Trennmittel 48
Trockenanlage 190
Trockenschliff 88
Trocknungszeiten 154
Tropfenform 56
Trümmerbruch 95

## U

Ultraleicht-Reifen 73
Umweltschutz 25

Unfallverhütungsmaß-nahmen 19
Unterbodenschutz 129
Untergrundvorbehandlung 133

## V

VDE/GS-Gütezeichen 27
Verbundglasscheiben 94
Verkaufs- oder Gebraucht-wagenlackierung 133
Verordnungen 20
versteckte Schäden 67
verzinkte Untergründe 117
verzinnte Flächen 117, 137
Verzinnen 79
VOC-Richtlinie 23
VOC-Werte 153
Vorbereitungsraum 190
Vorbereitungszone 190
Vorschriften 20

## W

Wannenform 57
Wärmeschutz-Verglasung 95
Wärmestrahler 194
Wasserbasislack-Techno-logie 152
Wasserflecken 166
Wasserlacksysteme 153
weiche Oberfläche 166
Winkelschleifer 91
Wirbelstromverfahren 126
Wolkenbildung 167

## Z

Zeitwertlackierung 133
Zink 35
Zughammerverfahren 78
Zwischenprüfung 14